抽水蓄能行业新技术目录
（2023年版）

国 网 新 源 集 团 有 限 公 司
中国水力发电工程学会抽水蓄能行业分会 编

中国水利水电出版社
www.waterpub.com.cn

·北京·

图书在版编目（CIP）数据

抽水蓄能行业新技术目录 : 2023年版 / 国网新源集团有限公司，中国水力发电工程学会抽水蓄能行业分会编. -- 北京 : 中国水利水电出版社，2023.12
ISBN 978-7-5226-1856-2

Ⅰ. ①抽… Ⅱ. ①国… ②中… Ⅲ. ①抽水蓄能水电站－工程技术－目录－中国 Ⅳ. ①TV743-63

中国国家版本馆CIP数据核字(2023)第198127号

书　　名	**抽水蓄能行业新技术目录（2023 年版）** CHOUSHUI XUNENG HANGYE XIN JISHU MULU （2023 NIAN BAN）	
作　　者	国网新源集团有限公司 中国水力发电工程学会抽水蓄能行业分会	编
出版发行	中国水利水电出版社 （北京市海淀区玉渊潭南路 1 号 D 座　100038） 网址：www. waterpub. com. cn E - mail：sales@mwr. gov. cn 电话：(010) 68545888（营销中心）	
经　　售	北京科水图书销售有限公司 电话：(010) 68545874、63202643 全国各地新华书店和相关出版物销售网点	
排　　版	中国水利水电出版社微机排版中心	
印　　刷	天津嘉恒印务有限公司	
规　　格	210mm×285mm　16 开本　10 印张　207 千字	
版　　次	2023 年 12 月第 1 版　2023 年 12 月第 1 次印刷	
印　　数	001—700 册	
定　　价	**198. 00 元**	

编 委 会

序 言

党的二十大报告提出，"加快实施创新驱动发展战略，加快实现高水平科技自立自强"，国家在科技资源配置、成果转化等方面出台一系列重大举措，推动各行各业把握重大技术进步机遇，全面提升科技自主创新能力和重大设备国产化水平。

抽水蓄能是当今世界容量最大、最具经济性的大规模储能方式。抽水蓄能电站在电力系统中承担调峰填谷、调频调相、紧急事故备用和黑启动等多种功能，有力促进和保障可再生能源的大规模并网和消纳。发展抽水蓄能，是我国实现双碳战略的重要举措。我国抽水蓄能行业的发展史，也是一部行业科技进步史。

为进一步动员全行业力量推动抽水蓄能新技术发展，依靠科技创新打造行业发展新引擎，国网新源集团有限公司联合中国水力发电工程学会抽水蓄能行业分会全面总结了近几年的科技创新成果，首次组织编制了《抽水蓄能行业新技术目录》(2023 年版)，用以指导抽蓄行业新技术研究与应用方向，引导行业内新技术研发、新产品研制和产业化。

各理事、会员单位可根据自身情况和项目具体特点，加强技术沟通交流，推进新技术、新成果落地应用，以科技创新为抓手，在保障安全、降本增效、改善环境、提高管理水平和服务质量等方面，实现抽水蓄能行业技术升级和跃升。

编写组

二〇二三年十月

目 录

1 抽水蓄能电站（水电厂）工程建设技术

1.1 TBM 施工关键技术

1. 技术原理与特点

TBM 是集掘进、出渣、导向、支护和通风防尘等多功能为一体的大型高效隧道施工机械。在推力作用下，安装在刀盘上的盘形滚刀紧压岩面，随着刀盘的旋转，盘形滚刀下的岩石被直接破碎，掌子面被盘形滚刀挤压碎裂而形成多道同心圆沟槽，随着沟槽深度的增加，岩体表面裂纹加深扩大，当超过岩石的剪切强度和拉伸强度时，相邻同心圆沟槽间的岩石成片剥落。

TBM 硬岩掘进机一般用于山岭隧道或大型引水隧洞工程，施工进度快，特别是在稳定的围岩中长距离施工时，此特征尤其明显。且没有像爆破开挖那样大的冲击，对围岩的损伤小，几乎不产生松弛、掉块，崩塌的危险小，可减小支护工作量。目前，已有应用于排水廊道的紧凑型超小转弯半径 TBM、应用于引水系统斜井的大口径 TBM 在抽水蓄能电站开展了试点应用。

（1）紧凑型超小转弯半径 TBM 主要性能指标：排水廊道施工用 TBM 开挖直径 3.53m，整机总长为 37m，总重约 250t，水平最小转弯半径 30m，纵向爬坡能力 ±5%，装机功率 1452kW。采用了 V 型推进系统、超小曲率半径皮带机、一体式皮带机等设计技术，如图 1.1 所示。

图 1.1 紧凑型超小转弯半径 TBM

（2）引水系统斜井大直径 TBM 主要性能指标：斜井开挖直径为 7.2m；斜井开挖倾角 35°～48°；TBM 开挖进尺 150m/月，如图 1.2 所示。

2. 适用条件或应用范围

（1）紧凑型超小转弯半径 TBM：广泛适用于转弯半径≤30m，岩石强度≥200MPa 的岩石隧洞。在隧洞施工中具有安全性好、掘进效率高、适应性强、转场灵活等优点。

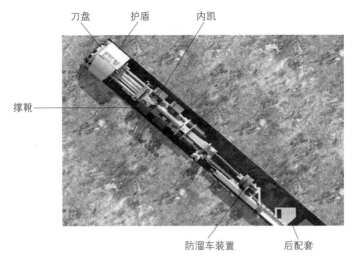

刀盘 护盾 内凯

撑靴

防溜车装置 后配套

图 1.2　引水系统斜井大直径 TBM

（2）引水系统斜井大直径 TBM：

1）电站额定水头宜在 500m 以上。 对于 400m 水头段抽水蓄能电站，可以适当提高引水斜井流速，通过对输水系统进行设计优化和 TBM 设备改造，满足 7.2m 斜井 TBM 开挖直径的要求；对于 300m 以下水头段抽水蓄能电站，引水斜井应用 TBM 施工经济性较差，不推荐采用 TBM 施工。

2）TBM 洞渣料的斜井溜渣，大于 30° 倾角时，渣料具备自溜条件；小于等于 26° 时，渣料不具备自溜条件，需采取辅助措施。 结合国外斜井 TBM 实施情况，TBM 开挖引水斜井开挖倾角宜为 35° ～48° 。

3）施工区地应力水平不高，地质构造简单，地下水不发育，岩石饱和抗压强度满足 TBM 掘进施工要求。

3.应用注意事项

（1）TBM 设备运输时，需提前合理规划运输方案及现场存放方案。

（2）TBM 安装时，必须预留足够的位置空间。

（3）TBM 开挖产生的石渣再利用需进一步研究，原设计方案采用传统钻爆法的，在采用 TBM 施工方案前，需重新进行土石方平衡计算。

4.联系单位及联系人

国网新源集团科信部。

1.2　一种承插型盘扣式脚手架

1.技术原理与特点

承插型盘扣式脚手架是我国目前推广应用最多、效果最好的新型脚手架及支撑架，

如图 1.3 所示，具有以下主要特点：

（1）安全可靠。 立杆上的连接盘或键槽连接座与焊接在横杆或斜拉杆上的插头锁紧，接头传力可靠；立杆与立杆的连接为同轴心承插；各杆件轴心交于一点。 架体受力以轴心受压为主，由于有斜拉杆的连接，使得架体的每个单元形成格构柱，因而承载力高，不易发生失稳。

（2）搭拆快、易管理。 横杆、斜拉杆与立杆连接，用一把铁锤敲击楔型销即可完成搭设与拆除，速度快，功效高。 全部杆件系列化、标准化，便于仓储、运输和堆放。

（3）适应性强。 除搭设一些常规架体外，由于有斜拉杆的连接，盘销式脚手架还可搭设悬挑结构、跨空结构、整体移动、整体吊装、拆卸的架体。

（4）节省材料、绿色环保。 由于采用低合金结构钢为主要材料，在表面热浸镀锌处理后，与钢管扣件脚手架、碗扣式钢管脚手架相比，因此在同等荷载情况下，材料可以节省约 1/3 左右，节省材料费和相应的运输费、搭拆人工费、管理费、材料损耗等费用，产品寿命长，绿色环保。

主要性能指标：

（1）立杆管径为 60mm，壁厚为 3.2mm，材质为 Q345B 高强度低合金钢，具有高强度、高承载能力的特点。

（2）横杆采用 ϕ48mm × 2.75mm 系列，管径为 48mm，壁厚为 2.75mm，材质为 Q345B 钢材。

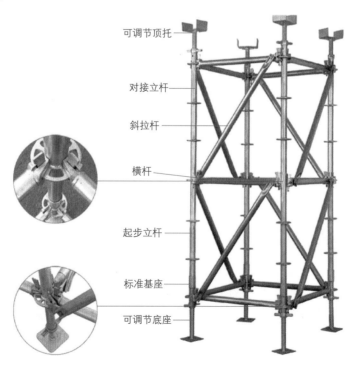

图 1.3　承插型盘扣式脚手架示意图

（3）斜拉杆采用 $\phi42.8mm \times 2.5mm$ 系列，管径为 42.8mm，壁厚为 2.5mm，材质为 Q345B 钢材。

2. 适用条件或应用范围

适用于直接搭设各类房屋建筑的外墙脚手架，梁板模板支撑架，船舶维修、大坝、核电站施工用的脚手架，各类钢结构施工现场拼装的承重架，各类演出用的舞台架、灯光架、临时看台、临时过街天桥等。

3. 应用注意事项

（1）脚手架支撑架安装后的垂直偏差应控制在 1/500 以内。

（2）底座丝杠外露尺寸不得大于相关标准规定要求。

（3）承插型盘扣式脚手架应计算立杆允许荷载确定搭设尺寸。

（4）应对节点承载力进行校核，确保节点满足承载力要求，保证结构安全。

（5）表面处理：热镀锌。

（6）施工前进行相关计算，编制安全专项施工方案，确保架体稳定和安全。

4. 联系单位及联系人

国网新源集团科信部。

1.3　超长斜井定向钻导孔施工技术

1. 技术原理与特点

抽水蓄能电站斜井施工方法主要有人工正（反）井法、爬罐法、反井钻井法三种。人工正（反）井法适用于长度 100m 以内的导井施工，施工机械化水平及施工效率较低；爬罐法施工作业环境差，安全风险高；反井钻井法采用反井钻机直接钻进导孔，长斜井偏斜控制难度大，受作业空间影响，钻机钻孔过程偏斜难以控制导致导孔偏斜率普遍超出 1.0%，形成导井直径普遍为 1.4m 以下，扩挖需要分级进行，施工效率低，所以主要适用于长度 200m 内、导井直径 1.4m 内的斜井施工。

综上所述，抽水蓄能电站 300m 级斜井导井施工安全风险突出，施工效率低下，成为制约抽水蓄能电站机械化水平提升的瓶颈问题。

300m 级斜井施工关键技术是利用新研发的斜井专用定向钻机（以下简称定向钻机）及其配套钻具和斜井专用反井钻机（以下简称反井钻机）及其配套钻具钻头，配合无线随钻测斜系统、注浆材料和注浆液和导孔定向钻进施工技术，开展狭小空间内的导井施工作业。此技术既能提升 300m 级斜井导井直径和导孔偏斜率，又能增强井壁稳定性，降低施工安全风险，解决抽水蓄能电站斜井建设瓶颈。

主要性能指标：

（1）斜井专用定向钻机：轴压力提升力，500kN、回转扭矩，16kN·m、驱动功率 90kW、角度调节 0°～90°。

（2）斜井专用反井钻机；额定拉力 3800kN，额定扭矩 160kN·m，额定功率 168.5kW。

（3）无线随钻测斜仪：方位 ±1.0°，孔斜 ±0.1°，工具面角方位 ±1.5°，温度 ±3℃。

2．适用条件或应用范围

该技术适用于抽水蓄能电站输水系统 300m 级、倾角 40° 以上，导井扩孔直径 2.5m 的斜井建设。

3．应用注意事项

（1）设立最大偏斜率指标，分距离加密观测频率，及时进行纠偏，保障导孔偏斜率在可控范围。

（2）导孔开孔作业采用低钻压、低扭矩开孔，保证开孔精确度。

（3）制定不良地质段、钻杆断裂、钻头掉落等问题的应急预案。

（4）斜井施工完成后，采用安全可靠措施保护井口，避免人员、工具、设备掉入。

（5）破碎围岩条件下，应提前加固破碎地层、平衡地层压力、稳定井壁。

（6）斜井上平段场地应提前考虑技术超挖，满足钻机布置，建议场地尺寸为长×宽×高＝（15～20）m×4m×（7～8）m。

4．联系单位及联系人

国网新源集团科信部。

1.4 反井钻导孔与出渣洞偏离量测量技术

1．技术原理与特点

近年来，反井钻法在抽水蓄能电站工程建设中得到了广泛应用。 在目前的施工技术水平下，当斜井长度超过 300m 后，反井钻导孔孔底的孔斜偏差将急剧增加，造成孔底实际位置距预定位置较远，甚至超出下部出渣洞的开挖范围，无法进行下一步的反导井施工。 由于孔底实际位置与预定位置的偏差方向是随机的，使得通过开挖出渣洞寻找导孔孔底几乎不可能。 在此情况下如果废弃原钻孔，重新造孔，将造成费用增加和进度滞后。 现有探测导孔孔底实际位置的设备基于电信号的传感器，存在诸多问题。 最典型的就是一旦岩石中含有大量孔隙水，电信号无法穿过岩体，导致无法测量到钻孔中发射电信号的设备所在的位置，因此无法判断钻孔的位置。 弹性波等方法不但受到孔隙水的影响，还受到岩石节理等问题的影响，导致测量不准确。 所以，需要找到一种不受这些

因素影响而且成本相对较低、操作方便的方法来准确判断钻孔的位置。

反井钻导孔孔底偏离量测量技术是一种可以快速、准确测量反井钻机导孔偏离出渣洞相对位置的测量技术。 如果反井钻导孔钻至设计深度，但不与出渣洞相交时，通过在导孔中放置人工磁源，在出渣隧洞中测出放置人工磁源前后的磁场变化规律，通过一系列的数值计算方法，判断出人工磁源所在的位置，从而判定导孔相对出渣洞的偏离方向和偏离量，即为连通出渣洞和导孔找到合适的开挖位置和方向。 根据某电站实际应用情况，测量导孔方向偏离量：距离 5m 内测量偏离量误差小于 0.5m。

2. 适用条件或应用范围

该技术可快速准确判断钻孔孔底位置，不受地质条件及地下水等因素影响，且成本相对较低、操作较方便，适用于水电工程等施工领域。 主要应用范围：反井钻机导孔底部偏离出渣洞的情况。

3. 应用注意事项

在布设的探孔前，应结合斜井导孔顶部孔口位置、斜井导孔倾角、钻孔适度，做好导孔底部位置预测，确保探孔能够对导孔位置形成包围，提高量测精度。

4. 联系单位及联系人

国网新源集团科信部。

1.5 堆石坝坝料碾压质量快速检测方法

1. 技术原理与特点

面板堆石坝碾压施工中，筑坝料的压实干密度、孔隙率是评价与判断大坝填筑质量的两个重要指标。 传统挖坑取样检测费时、费力、效率低，在坝体填筑时施工干扰较大。

堆石坝坝料碾压质量快速检测方法是利用探地雷达和 SWS 多道瞬态面波法等新型检测手段，用高分辨地震仪及瞬态面波法分别对面板堆石坝的堆石料、过渡料、垫层料的面波波谱特征进行测试，对波速—干密度统计数据分别采用线性拟合及幂函数拟合，建立数值计算模型，分析碾压后填筑料的物理力学性能及波速传播特性，从而完成坝料碾压质量快速无损检测。

该方法对面板堆石坝不同区域筑坝料的面波进行频散分析，分析筑坝料的填筑质量，对于筑坝料压实度的快速无损检测及填筑质量的控制具有重要意义。

主要性能指标：

（1）快速检测系统的检测周期从计入检测数据到计算出结果共计 40min。

（2）快速检测系统现场检测时间仅为 20min。

（3）采用幂函数形式进行波速—干密度拟合，拟合精度高，主堆料测试最大拟合误差仅为3.8%。

2. 适用条件或应用范围

在现阶段，该检测方法还不能完全代替传统挖坑法试验检测❶，但作为一种辅助性手段，为坝体填筑质量监测提供有效借鉴。随着检测设备精度的不断提高及波形处理软件精度的提升，更有利于坝体填筑的实时质量监控，对后续面板堆石坝填筑质量检测，具有较强的推广意义。

3. 应用注意事项

采用地质雷达进行堆石体密度检测时，密度值变化范围内电磁波差异小，且电磁波受土体含水率变化影响较为明显（由于堆石料在碾压过程中，受空气湿度、洒水、降雨等影响，含水率变化范围较大），测试成果对于后期数据整理无太大意义，因此不建议使用电磁波法进行堆石体密度检测。

4. 联系单位及联系人

国网新源集团科信部。

1.6 长斜面混凝土面板一次成型施工技术

1. 技术原理与特点

目前，抽水蓄能电站上下水库多采用混凝土面板堆石坝坝型，长面板普遍采用分期浇筑，但分期浇筑存在许多弊端，而且对在高海拔地区严寒、大温差、强光照斜面长度在200m级长斜面混凝土面板一次性成型工艺的研究尚未成熟。

一次浇筑长度达200m以上的面板混凝土，在国内外较为罕见，在高海拔地区严寒、大温差、强光照气候条件下，国内没有类似经验可供借鉴，在寒冷地区成功实施超长面板一次施工工艺，填补了国内类似气候条件下的超长面板施工技术空白。该研究成果对于与丰宁电站面板堆石坝具有类似条件的工程都具有应用价值。

该项目主要内容包括：基于侧限流变试验和有限元计算方法，通过建立数学模型对一期施工进行应力应变分析；采用大型接触面试验方法研究面板与垫层间喷涂乳化沥青

---

❶ SL 49—2015《混凝土面板堆石坝施工规范》中规定：垫层料、过渡料和堆石料压实干密度检测方法，宜采用挖坑灌水（砂）法，或辅以其他成熟的方法。

DL/T 5129—2013《碾压式土石坝施工规范》中规定：核子水分-密度仪法、附加质量法、瑞雷波法、压沉值法等快速检测方法宜与环刀法、灌水（砂）法等结合使用，应满足稳定性、准确性、精度要求。

根据规范要求，文中提到的附加质量法、探地雷达和SWS多道瞬态面波法仅能作为辅助方法，而不能完全替代现有的挖坑灌水（砂）法。

等材料对于减小摩擦力的作用；通过不断优化配合比，研究高性能面板混凝土，有效防止严寒地区面板混凝土裂缝，显著提高混凝土抗裂性。

主要性能指标：

（1）提出满足设计标号 C30W12F300、C30W12F400 的面板混凝土。

（2）形成 F400 高抗冻混凝土和 F600 超高抗冻混凝土技术。

（3）提出斜长 203m、浇筑工程量 3.4 万 m^3、面积 6.69 万 m^2 面板一次成型施工控制技术。

2. 适用条件或应用范围

（1）适合于超长、长、短面板及斜面滑模施工的工程。

（2）适用于高海拔地区严寒、大温差、强光照气候条件下混凝土面板施工。

3. 应用注意事项

需充分考虑堆石坝变形的时空演变规律、坝址处的环境和混凝土面板的约束情况等因素，做到面板混凝土配合比优化和性能调控与服役环境、堆石体变形的协调匹配。

4. 联系单位及联系人

国网新源集团科信部。

1.7　寒冷地区面板堆石坝混凝土面板表层止水新型结构及填料施工技术

1. 技术原理与特点

寒冷地区面板坝冬季运行条件严酷，在冰拔、冰胀等因素影响下，接缝位移量较大，水位变幅区以上部位部分面板止水结构易出现破损。在这种背景下，亟需寻找新的技术和材料，延长寒冷地区混凝土面板坝接缝止水结构使用寿命，保证止水结构充分发挥其整体止水效能，保证坝体长期安全有效运行。

水电工程中面板止水结构表面普遍采用三元乙丙橡胶板封顶，这种技术与材料与面板混凝土结合部位受两种材料性能差异的影响，普遍存在混凝土浇筑质量不良、抗绕渗水压力降低的情况，尤其是橡胶止水带接头处最为严重。当面板接缝在大坝运行过程中产生张开、沉降、剪切变形时，变形缝中部和底部的止水板、片随之出现位移，难以控制面板底部（或中部）止水性能的劣化。采用手刮聚脲形成新止水结构，需要在原面板止水材料的基础上，切除原有橡胶板，对原有破损、变形的 SR 止水材料进行修补。

手刮聚脲采用的是单组分聚脲。单组分聚脲是以多异氰酸酯（–NCO）封端的预聚体、含有封闭氨基的潜伏性固化剂、其他惰性物质构成的单包装混合物。单组分聚脲作为

一种综合性能优异、耐磨损、耐冲刷、施工简单方便的新型高分子环保型防护涂层材料，具有良好的低温柔性且耐候性强，能够适用于水工建筑物混凝土面板表层止水结构施工。

主要性能指标见表1.1。

表1.1 单组分聚脲(防渗型)主要技术指标

项　　目	技术指标
拉伸强度/MPa	≥15
扯断伸长率/%	≥300
撕裂强度/(kN/m)	≥40
硬度（邵化A）	≥50
附着力（潮湿面）/MPa	≥2.5
吸水率/%	<5
固含量	≥80
密度/(g/mL)	1.05±0.2
颜色	与面板颜色相一致

2. 适用条件或应用范围

适合于处理面板伸缩缝和接缝防渗。

3. 应用注意事项

（1）在涂刷单组分聚脲施工过程中，如果遭遇到大风和下雨，必须立刻停止施工。

（2）施工面清洁、干燥，聚脲涂刷完工后，确保12h内不要有水浸泡，常温养护24h即可。

（3）聚脲涂刷完工后，加密大坝渗流监测频次，分析对比各项数据，确保无异常。

（4）该处理部位无内水压力，或经过处理后无内水压力。

4. 联系单位及联系人

国网新源集团科信部。

1.8 寒冷地区抽水蓄能电站混凝土面板阻裂技术

1. 技术原理与特点

混凝土面板堆石坝具有良好的抗滑稳定性、抗震性和耐渗透水流冲蚀的特性，同时具有坝体断面小、施工方便、工期短、造价低等优点，在国内外已成为最具竞争力的一种坝型。

寒冷地区混凝土面板堆石坝如何提高混凝土面板耐久性和安全性，减少混凝土面板

裂缝产生，是亟待解决的重要问题之一。通过深入研究面板混凝土阻裂原材料及配合比设计，完善寒冷地区混凝土面板阻裂技术，能够尽量减小因混凝土原材料自身因素对混凝土开裂造成的影响，为面板施工提供技术保障。

该技术研制并提出了一种新型高性能水泥基胶凝材料配比方案。提出的寒冷地区阻裂面板混凝土配合比设计方案，能够有效抑制面板开裂、冻胀、溶蚀等问题，并满足C40W10F400阻裂面板混凝土的技术要求。

主要性能指标：

（1）混凝土指标：C40W10F400，坍落度5～7cm，含气量5.0%～7.0%。

（2）当水泥、粉煤灰、硅灰三种球形颗粒材料在混合体系最大密实度达到95.83%时，高性能水泥基胶凝材料的最佳配比为：水泥80%、粉煤灰15%、硅灰5%。

（3）具体配合比设计方案为：水胶比0.33，砂料37%，粉煤灰掺和量15%，膨胀剂掺量5.3%，硅粉掺量5%，减水剂掺量1.5%，引气剂掺量0.0014%。单方材料用量为：胶材总量397kg/m³，水泥297kg/m³，粉煤灰60kg/m³，膨胀剂21kg/m³，硅粉20kg/m³，水131kg/m³，纤维0.6kg/m³，砂664kg/m³，石1114kg/m³。

2.适用条件或应用范围

适用于混凝土面板堆石坝面板混凝土施工。

3.应用注意事项

（1）实际使用前，根据现场实际试验确定施工配合比。

（2）施工现场控制好混凝土坍落度、含气量指标，在出机口和浇筑面均进行抽检。

4.联系单位及联系人

国网新源集团科信部。

1.9 非接触式智能灌浆监测技术

1.技术原理与特点

灌浆作业属于隐蔽工程，施工监管难度较大，如何有效控制灌浆施工质量是亟需解决的关键难题之一。当前，抽水蓄能电站工程灌浆施工作业过程中主要依靠监理旁站、取样抽检和灌浆记录仪记录等方式进行记录与监控。由于灌浆作业的隐蔽性特点，需要监理全过程旁站监督管理，工作量较大；同时，人工取样抽检方式具有一定局限性，仅能做到部分监测，无法做到高质量实时监测。受技术、网络及环境影响，现有记录仪系统已面临监测数据不共享、外部环境干预等诸多问题，业主及监理不能及时掌握灌浆作业施工真实情况，现场监管难度大。

非接触式智能灌浆监测技术是基于伽马射线技术为现场灌浆施工质量管控提供新的

手段,该技术具有"集成一体、精准测量、数据共享、反向验证、集中监管"等特点,满足高质量的灌浆施工过程管控需要,具体特点如下:

(1)集成一体:采用一体化设计,通过智能锁控制与监控箱门开启,实现对监测元器件有效防护与监控,防止人为对仪器元件干预。

(2)精准测量:采用非接触式测量技术对现场灌浆水泥浆液密度进行检测,在仪器感受元件不与被测物体表面接触的情况下,得到物体表面参数信息的测量方法,具有反应速度快、数据精准、不受环境影响的特点。

(3)数据共享:通过接口及编程实现高速 AD 转换及 DA 转换,实现对各厂家记录仪原始信号进行采集与存储,实现数据与在线系统传输与共享。

(4)反向验证:系统采用加密技术、时间戳、数据身份等认证机制,对灌浆施工质量原始记录时间序列和数据序列维度进行数据处理、分析、技术比对,对监测数据质量真实性分析,实现数据质量追溯与验证。

(5)集中监管:建立在线灌浆施工质量监测系统,实现现场灌浆施工质量集中监管。

主要性能指标:

(1)非接触式智能灌浆监测装置:流量量程 0～100L/min,压力量程 0～10MPa,密度量程 0～2.0g/cm³。

(2)灌浆数据智能采集终端:通信协议支持 RS485/RS232/RS422/4－20mA 串口数据,输出接口 USB、HDMI、COM、VGA、网口,采集频率 1s/次,传输方式 4G/5G、有线、无线。

2.适用条件或应用范围

(1)非接触式智能灌浆监测装置:适合于帷幕灌浆、固结灌浆、回填灌浆等。 该装置可作为新型灌浆记录仪使用,也可以与施工单位灌浆记录仪同时使用,作为业主、监理及第三方单位开展现场灌浆施工质量监测技术手段。

(2)灌浆数据智能采集终端:适合各厂家灌浆记录仪数据采集接入。

(3)灌浆施工智能监测系统:适合各类灌浆工程施工质量监管。 该系统可为业主单位、监理单位、施工单位等提供灌浆施工质量相关管控业务。

3.应用注意事项

(1)非接触式智能灌浆监测装置需定期进行检修与维护,避免影响数据的准确性。

(2)其他厂家灌浆记录仪传感设备接入灌浆数据智能采集终端后,禁止随意插拔、破坏,避免影响数据采集。

4.联系单位及联系人

国网新源集团科信部。

1.10　抽水蓄能电站调压室设置条件及关键技术

1. 技术原理与特点

抽水蓄能电站需兼顾发电、抽水两种运行工况，水头高、两种工况转换较频繁，设置调压室是改善抽水蓄能电站运行条件的一种有效措施，但会增加工程投资及施工难度。 按照常规水电站调压室设置方法很难满足抽水蓄能电站的运行要求。 如何判别设置调压室的必要性及经济性是很多抽水蓄能电站建设过程中面临的问题。

该技术基于规程、规范，修正典型参数的经验公式或确定了其取值范围，引入水流流量变化率为 0 的概念，替代现行判据中水流流量为 0 的理念，进一步细化了 T_w 在 2～4s 的区间分布。

（1）大量电站数据分析研究。 系统分析 20 余座抽水蓄能电站的调节保证、机组特征曲线、甩负荷试验报告等多方面的资料，区分调压室设置参数影响因子，提取典型关键参数，建立系统辨识模型。

（2）理论分析推导。 结合工程试验成果，采用一维连续性和动量守恒方程，简化边界条件，求解双曲线性偏微分方程，得出极限水击近似公式。 最后推导出调压井设置条件。

（3）试验验证分析。 开展仙居、洪屏抽水蓄能电站原型试验，选取已建、在建抽蓄电站实测数据，与传统调压室设置判据进行对比，验证新判据的可靠性。

2. 适用条件或应用范围

该成果为抽蓄电站输水线路比选、调压室设置优化等补充了依据，在保证安全稳定的前提下可减少工程投资，对类似工程设计、建设及业内研究具有一定的借鉴和推广意义。

3. 应用注意事项

在预可研阶段提出优化设计，并在电站基建期开展实施。

4. 联系单位及联系人

国网新源集团科信部。

1.11　一种引水压力钢管弯管制作工艺

1. 技术原理与特点

长期以来，水电站压力钢管弯管制作一直采用传统的制作方式。 工序如下：画线、切割、坡口加工、组对、焊接、检测等，均在安装现场制作完成。 传统制作方式缺点如

下:画线使用卷尺、石笔、记号笔,精度较低;切割使用的气焊、角磨机、等离子切割机等,存在切割不齐、效率低等问题;采用气焊、角磨机对坡口进行加工,致坡口不规则,参差不齐,影响压力钢管组对和焊接质量;组对时一般将焊接钢板、圆钢作为挡块,致使母材受损。

新型钢管弯管制作工艺首先使用数控旋转三割炬进行钢板下料,K 型坡口一次成型,保证钢板尺寸精度及坡口质量,提高了工作效率;加劲环使用数显型材弯曲机进行制作,由以前 8 瓣拼装成整圆改成 2 瓣拼装成整圆,减少了加劲环对接接头的数量,并减少了钢板的损耗率;使用两台双丝埋弧焊同时焊接两道环缝,双丝埋弧焊前丝保证熔深,后丝保证熔宽,提质增效效果显著;通过自主研发的压力钢管加劲环焊接工作站,实现了加劲环焊接自动化。 通过焊接工艺控制,提高了焊缝质量、减少了焊接人员的投入及施工成本投入。

2. 适用条件或应用范围

(1)适合于大型抽水蓄能水电站压力钢管弯管制作。

(2)钢板厚度:26~58mm;管节直径:3800~6800mm。

3. 应用注意事项

(1)下料时保证钢管尺寸精度。

(2)组圆时保证钢管圆度,大节组对时保证管节垂距。

(3)焊接时保证焊接质量,无损检测时符合要求。

4. 联系单位及联系人

国网新源集团科信部。

1.12 抽水蓄能电站过渡过程压力安全评价关键技术

1. 技术原理与特点

抽水蓄能机组具有水头高、双向高速旋转、启停频繁及工况转换复杂等特点,较常规机组过渡过程复杂。 抽水蓄能电站过渡过程压力安全评价领域主要存在以下难题:长期以来缺乏对抽水蓄能电站过渡过程压力安全评价关键技术进行系统总结,未能形成针对过渡过程压力安全评价的经验;过渡过程试验中压力实测数据分析依赖于咨询单位、制造单位和试验单位经验,不统一、不规范。

该项目建立了抽水蓄能电站过渡过程压力反演分析预测数学模型,揭示了旋转失速和动静干涉对过渡过程压力脉动影响的机理,实现了抽水蓄能电站过渡过程压力的精准预测;揭示了测压管路的压力波动传递特性及频响特性,提高了压力测试的准确性;提出了"频域分段—时域反演"的数据处理方法,解决了传统滤波方法的滤波数据极值时

刻偏移，完善了水力过渡过程现场试验测试技术体系；研发了进水阀的开启及关闭方法、装置以及进水阀控制系统，提高了过渡过程中进水阀的安全运行水平；首次系统梳理了过渡过程压力数据情况，建立了集工程设计、设备制造和现场测试的数据库，为过渡过程相关标准制定提供了有力支撑。

典型过渡过程实测、分析及仿真比较图如图 1.4 所示；典型同一测点不同位置测试结果如图 1.5 所示。

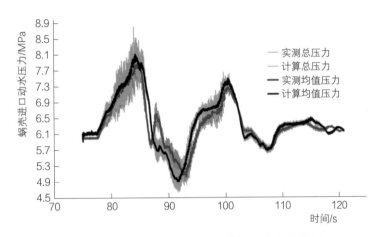

图 1.4 典型过渡过程实测、分析及仿真比较图

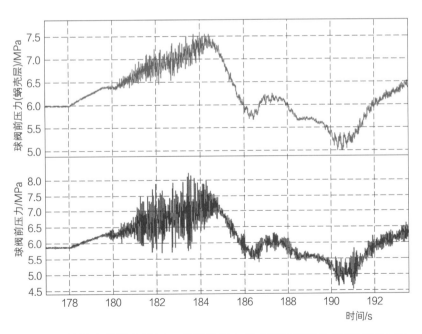

图 1.5 某抽水蓄能电站同一球阀前压力测点不同测试位置测试结果图

2. 适用条件或应用范围

该技术成果适用于抽水蓄能电站、水电站过渡过程设计及现场测试。

3．应用注意事项

（1）现场测试时压力测点尽量靠近被测对象，宜小于 0.5m。

（2）现场试验数据采样率宜大于 500Hz。

（3）进水阀不应参与过渡过程流量调节。

（4）应开展现场实测与计算对比分析及预测。

4．联系单位及联系人

国网新源集团科信部。

1.13　抽水蓄能电站地下厂房排风设施布置方式

1．技术原理与特点

随着大型地下工程建设技术的成熟，抽水蓄能电站建设采用地下厂房方案已成为设计主流。这种布置不仅具有人防作用，同时能保护电站建设区域的生态环境。但由于厂房深埋地下，与外界通风换热途径较为复杂，厂房内易出现温湿度分布不均匀和超标等热湿环境问题，不仅影响机电设备的安全运行，同时也影响工作人员的身体健康与工作效率。排风竖井作为抽水蓄能电站地下厂房通风的关键一环，担负着全厂的出风通道的职能，竖井排风机房的设计优化至关重要。

抽水蓄能电站地下厂房的通风空调系统和除湿系统的运行与工艺工况相匹配、提高运行效率，厂房室内环境对人员工作效率的影响、与电气设备的安全运行之间的关联是一个重要而亟待解决的问题。

该技术通过已建成抽蓄电站实地调研、建立地下厂房比例实验模型进行试验、数值模拟方法和经济性比较。建立抽水蓄能地上式和地下式排风系统 1：20 的模型试验平台，并对夏季、过渡季和冬季工况进行试验研究，同时配合功率计、压力计、温湿度计进行测量，并进行数值模拟研究，分别为抽水蓄能电站地下厂房排风系统建筑物采用排风下平洞＋排风竖井＋地面排风机房的布置型式（地上式）与排风机房位于地下的排风下平洞＋地下排风机房＋排风竖井＋地面排风口的布置型式（地下式）；根据这两种排风竖井的布置型式完成两种形式总排风机房通风模型试验平台的搭建，通过相似理论，换算实际工况对应的模型工况，并进行数据测试分析，完成不同工况试验方案制定和试验测试，调节排风系统模型内排风机功率并通过调节进风口大小以模拟气流阻抗进行不同工况下的模型试验，从风速大小、风速增量大小和厂房简化模型内的负压值三个方面分析排风效果；完成夏季、过渡季节与冬季工况试验测试、数据分析处理等工作，完成各工况数值模拟工作；包括实物模型与数值模拟两部分，包括夏季、过渡季节与冬季工况测试结果。最终达到降低厂房环境调节的能源消耗，节约厂房运维费用，以较低的经济成

本为电站运维人员提供高品质的工作环境的目的。 得到一种北方普遍适用的抽水蓄能电站地下厂房最优的厂房通风系统布置方式,即地下式排风机房排布方案:排风机房位于地下的排风下平洞＋地下排风机房＋排风竖井＋地面排风口的布置型式为抽水蓄能电站通风设计和建设提供了重要的参考,为后续电厂安全运行打下了基础。

2.适用条件或应用范围

(1)该项目相关成果可为同类型的抽水蓄能电站地下排风系统设计、模型试验和改造提供基本原则和措施。

(2)针对不同地区环境的地下厂房排风设施布置方式研究,建立抽水蓄能电站地下排风系统实验与仿真模型,通过测量与数值计算对比验证,研究通风系统优化最优布置方式,提高地下厂房通风效果,减少能耗。

3.应用注意事项

(1)该项新技术推广使用时,应该关注目标电站的规模和建设地区环境气候。

(2)抽水蓄能电站地下厂房的通风空调系统和除湿系统的运行与工艺工况相匹配、提高运行效率,厂房室内环境对人员工作效率的影响、与电气设备的安全运行之间的关联。

(3)通过模型试验分别对夏季工况、过渡季节工况、冬季工况进行试验验证,得到大量试验数据。 这些数据可以为后续的科研、工程运用提供有力的参考。

4.联系单位及联系人

国网新源集团科信部。

1.14　工程机制砂云母含量控制技术

1.技术原理与特点

(1)技术背景。

工程试验表明机制砂中云母含量的增加,将给混凝土的工作性能和力学性能带来不利影响,混凝土拌和物和易性能(黏聚性、坍落度、析水性等)变差,同时混凝土力学性能(抗压强度、劈拉强度等)均有所降低,混凝土耐久性也会受影响。

为保证混凝土质量,砂石骨料云母含量应满足 NB/T 10235—2019《水电工程天然建筑材料勘察规程》、DL/T 5144—2015《水工混凝土施工规范》等相关规程规范中≤2％的要求。

随着抽水蓄能行业等基建行业的高速发展,对混凝土用砂需求极大,同时对混凝土质量要求也越来越高,通常情况下,从技术、环保、经济等方面综合考虑,采用工程开挖利用料加工混凝土骨料是首先要考虑论证的方案,但云母含量超标问题已日渐凸显并成

为制约工程顺利建设的关键问题。 如三峡工程基坑开挖料以闪云斜长花岗岩为主,前期料源方案比选论证阶段,机制砂游离云母含量达 7% ~ 8.6%,因此放弃采用基坑开挖料制砂,另行开采下岸溪石料场加工生产机制砂;铁路和公路工程遇到就近开采加工人工骨料而砂中云母含量超标的问题亦常见,有些工程也对云母含量控制开展了相关研究,但未获得成熟的、可供利用的技术成果。

目前及未来一段时期内,国内抽水蓄能电站处于开发建设高峰期。 我国幅员辽阔,选址于花岗岩(云母含量高)地区的工程越来越多,不可避免碰到类似问题,因此开展控制工程机制砂中云母含量的研究是十分必要的。

(2)技术原理。

通过前期调研,浮选法和磁选法分选云母均不适用于本工程,同时通过水洗试验的结果表面机制砂水洗前后的云母含量无明显变化,水洗法无法降低机制砂中的游离云母含量。 因此选择风选法技术控制机制砂中云母含量,风选法是以空气为分选介质的重选法,其适应范围广,可使相对密度、粒度、形状、类型、性质不同的矿石在运动的空气流中分选开来。 云母具有一定弹性,在与其他矿物一同破碎时,云母容易实现挤压剥层,而具有脆性的其他矿物被压碎成细小粒状。 当处于相同粒级的矿物受重力自然下落时,呈片状的云母所受风阻要大于呈粒状的脉石矿物,下降速度较慢,从而实现与脉石矿物的分离。

研究新型砂石加工工艺,通过风选、高频筛筛分等工艺措施生产云母含量满足规范要求的花岗岩机制砂。 砂石加工系统生产的含云母机制砂通过风选机分为中粗砂和云母(含粉细砂)两部分,再将云母(含粉细砂)通过高频细筛筛分分级为大于等于 0.3mm 的云母和小于 0.3mm 的粉细砂,最终将小于 0.3mm 的粉细砂与中粗砂掺混后获得成品砂。

(3)技术特点:

1)本项目研究成果不仅可避免平江工程采用外购天然砂或另行勘选石料场,同时可供类似工程或花岗岩地区解决机制砂云母含量超标问题参考借鉴,填补工程建设领域机制砂云母含量控制技术空白。

2)选用本工程花岗岩为主的混合料作为砂石骨料料源,采用风选 + 细粒筛分的新型砂石加工工艺,并采取措施控制风选前机制砂含水率(≤1%),能显著降低机制砂的游离云母含量,生产出质量合格的成品砂。

3)本研究成果能有效控制花岗岩为主的混合料机制砂中有害云母含量在规范允许范围内,进而改善混凝土力学性能,提高混凝土耐久性(抗冻性),可以减少水泥及粉煤灰等建筑材料用量,具有市场推广应用前景和良好的经济效益。

主要性能指标:

经云母分选工艺生产的机制砂，应满足 DL/T 10235—2019《水电工程天然建筑材料勘察规程》、DL/T 5144—2015《水工混凝土施工规范》等对机制砂质量的相关要求，游离云母含量应小于 2%，石粉含量（＜0.16mm）6%～18% 为宜，细度模数 2.4～2.8 为宜，级配连续。游离云母含量小于 2%、细度模数 2.4～2.8 为较优指标。

2. 适用条件或应用范围

该技术适合于花岗岩（云母含量高）工程区。

3. 应用注意事项

（1）实施过程中应采取有效措施严格控制工程洞挖利用料质量，避免集中采用云母含量较高的花岗片麻岩和花岗伟晶岩生产机制砂。

（2）为严格控制机制砂含水率（风选 ≤1%，筛分 ≤1%），生产出质量合格的成品砂，必须对砂石加工系统进行全封闭，并在毛料堆场设置防雨棚。

4. 联系单位及联系方式

国网新源集团科信部。

1.15 潜水作业在大坝面板三向测缝计安装施工技术

1. 技术原理与特点

莲蓄电站上水库为天然水库，随着近年来抽水蓄能电站机组发电抽水运行频繁，上水库水位随机组启停变幅较大（日最大落差 15m），加之大坝坝址淤积泥沙较多，上水库主坝混凝土面板与趾板之间缺乏有效的位移变形监测设施。根据《国家电网公司水电站水工设施运行维护导则》相关要求，必须在上水库主坝混凝土面板与趾板之间设置 6 套三向测缝计，用于监测上水库主坝面板相对于趾板的水平、沉降及剪切位移，确保上水库主坝混凝土面板与趾板之间的位移变形得到有效监测。确保实时掌握水工建筑物各项监测数据和运行指标，不发生水工建筑物安全事件。

莲蓄公司在上水库不放空的条件下，通过潜水方式进入上水库水下 17m 深度，在主坝混凝土面板与趾板之间开展 6 套三向测缝计安装、调试施工作业。在充分考虑潜水作业施工安全、作业环境、劳动强度、水下检修工器具选型和诸多不确定性因素的基础上，有效克服了水下作业压强大、照明采光不足、视线差、水下施工工具操作困难、作业环境恶劣等重重困难，项目实施组织策划严密、指挥协调有力、作业工序衔接顺畅、人员配合紧密、安全管控措施得当，上水库主坝面板三向测缝计安装潜水施工作业安全顺利完成，达到预期工作目标。

该项目应用新技术、新工艺，将潜水作业和水工监测仪器安装调试施工这两种不同的技术工作深度融合在一起；完成了水下施工工具技术优化改造；现场发明创造了一种

可用于水下作业的"钻孔定位尺"实用新型专用工具。

2. 适用条件或应用范围

该技术适用于已投运抽水蓄能电站在无需放空上水库的条件下，可通过潜水方式完成大坝监测仪器安装作业。具有典型性和可推广性。可为其他同类型抽水蓄能电站水工建筑物检修作业提供参考借鉴。

3. 应用注意事项

（1）水下作业使用材料应制定相应标准，选择标准较高，材质较好，使用年限较长的产品。

（2）水下作业过程应保留好相关的影像记录，在不影响施工作业的前提下，尽可能确保视频影像资料清晰、完整。

（3）作业数据及部位要准确无误，确保水下作业过程中能做到精准定位。

4. 联系单位及联系方式

国网新源集团科信部。

1.16 超小曲线新型 TBM 研制及掘进关键技术

1. 技术原理与特点

该项目属于 TBM 技术在抽水蓄能地下隧洞群施工的首次应用推广，常规 TBM 转弯能力为 40 倍洞径及以上，无法适应超小曲线（$R < 10$ 倍洞径）、短洞室等非连续隧洞的施工需求；针对抽水蓄能电站地下隧洞 TBM 施工过程中存在的"非标装备适应难""掘进姿态控制难""连续协同作业难"三大难题，历经 3 年产学研用联合攻关，实现了超小曲线新型 TBM 研制及掘进关键技术突破和应用推广。

发明了复杂工况下紧凑型、模块化、轻量化 TBM 装备关键技术，研制出全球首台紧凑型（$L = 37m$）超小转弯半径（$R30m$）TBM 装备；研制出新型 TBM 小曲线 V 型推进系统，研发了小曲线转弯皮带机。

围绕超小曲线新型 TBM 整机集成技术、超小曲线掘进姿态控制技术、超小曲线连续掘进协同作业技术，实现了超小曲线新型 TBM 研制及掘进关键技术突破，见图 1.6～图 1.9。

技术性能指标：

（1）开挖直径≈3.5m。

（2）最大推进速度≈100mm/min。

（3）TBM 装机功率≈1452kW。

（4）最大推力≈10640kN。

图 1.6　首台超小曲线新型 TBM "文登号"

图 1.7　超小曲线新型 TBM "洛宁号"

图 1.8　超小曲线新型 TBM "吉光号"

图1.9 超小曲线新型TBM成洞效果

（5）最小转弯半径：≤30m。

（6）适应的最大坡度：-5%～+5%。

2．适用条件或应用范围

抽水蓄能电站各类洞室（地质探洞、排水廊道、自流排水洞及各类导洞）。

超小曲线新型TBM突破常规TBM研制及应用技术瓶颈，扩展TBM应用新领域，研发的适用于超小曲线转弯的新型TBM已经成为我国重大基础设施建设和高端装备制造业发展的战略需求。

3．应用注意事项

超小曲线新型TBM适应的地质条件为单轴抗压强度40～150MPa。地质条件变化时，请联系设备厂家进行改造。

4．联系单位及联系方式

中铁工程装备集团有限公司科技创新部。

2 抽水蓄能电站（水电厂）安全稳定经济运行技术

2.1　大型水泵水轮机稳定性与厂房减振关键技术

1. 技术原理与特点

抽水蓄能电站采用的可逆式水泵水轮机机组多具有水头高、容量大、转速高、双向旋转、过渡过程复杂、运行工况复杂及多采用地下厂房等显著特点。 这使得其机组和厂房结构的振动问题更为复杂和难以处理。 此外,抽水蓄能机组特有的"S"特性,使得机组还存在低水头并网困难的问题。 目前已有不少电站存在厂房振动过大和(或)低水头并网困难的问题。

为解决上述问题,经过系统研发,发明了叶片进口边呈月牙形的新型水泵水轮机转轮和进出口厚度相当的新型活动导叶,有效降低了机组振动和压力脉动,尤其是活动导叶与转轮之间动静干涉而产生的压力脉动大幅降低;"S"特性大幅改善;攻克了水力振源诱发的厂房振动和机组低水头并网困难的技术难题。

对抽水蓄能电站机组和厂房结构开展全面系统的振动测试,提出了厂房振动分析诊断技术,首次揭示了局部结构高频共振诱发厂房整体结构振动的机理,为厂房减振设计提供了依据。

2. 适用条件或应用范围

适合于水头高、容量大、转速快、双向旋转、过渡过程复杂、多采用地下厂房的抽水蓄能机组。

3. 应用注意事项

该技术适用于复杂的抽水蓄能机组,着力于解决复杂情况下的振动问题,会小幅(不足1%)牺牲效率,暂不适用于对效率要求苛刻的环境。

4. 联系单位及联系人

国网新源集团科信部。

2.2　同一水力单元相邻两台机组水力激振抑制技术

1. 技术原理与特点

抽水蓄能电站大多是一管多机布置,而且经常会有低水头、高负荷、大开度的运行工况。 国内多个电站均发生过低水头大开度运行中的功率振荡现象,产生机理尚不明确。 国内某抽水蓄能电站机组在"低水头并网、低水头大开度"运行时,逆功率、导叶开度和功率剧烈波动现象发生多次,有明显的空载不稳定和大开度不稳定现象。 这种不稳定性将影响电站和机组使用寿命,危及电站安全。 为此,有必要对抽水蓄能电站进行

低水头大开度稳定性及低水头并网稳定性的研究，优化机组控制策略，提出抑制不稳定现象的措施。

一般性分析认为，这种现象的发生与共用水力系统的多机之间的水力干扰、水泵水轮机工作点在特性曲线上的位置、水泵水轮机高负荷尾水涡漩振荡、水力系统固有振动特性、调速器参数等方面有关。此过程在计算上需要对两机一洞水力系统建立一维 MOC 和三维 CFD 耦合模型，对机组水力振荡形态和对应的超常低频压力脉动进行分析；通过进行问题工况附近多个工况点的模拟，得出具体的振动原因，然后提出具体的措施。

通过理论分析和一维、三维数值模拟，发现"低水头大开度振荡"原因是尾水管空腔涡振荡。可以通过消减水泵水轮机尾水管内空化程度与空腔涡来减轻振荡，如泄水锥被动通气、泄水锥进口主动通气、泄水锥伸长及泄水锥平压孔面积增大。除泄水锥伸长外，其他三种措施均有减轻空化程度和出力振荡的作用。泄水锥被动通气和从泄水锥进口主动通气的措施均通过引入外部气体补充了原来泄水锥和尾水管中心区域可能出现的空化空腔，该区域压力升高，消减了空化程度，其中向泄水锥进口主动通气更能降低机组出力振荡；泄水锥平压孔面积增大后，尾水管内部流线平顺，尾水管没有空化，机组流量和出力的振荡幅值也有明显减小。

通过理论分析和一维、三维数值模拟，给出了机组实际运行稳定域图，据此可让机组尽量避免进入振荡工况运行。如进入振动荡工况，一方面可将机组出力降低，使机组离开振动工况；另一方面将机组导叶调节模式改为开度调节，抑制功率振荡。

2．适用条件或应用范围

（1）一管多机或者一管双机布置，机组在低水头、高负荷、大开度的运行工况下发生功率振荡时，需要抑制或者消除此功率振荡的情况。

（2）适用于新建抽水蓄能电站机组设计参考。

3．应用注意事项

两机一洞布置的机组在低水头大开度工况下发生功率振荡，相互之间存在功率耦合情况下，经过降负荷和调整机组导叶为开度模式后，如功率振荡依然趋向发散，必须按调度规定进行解列处理。

4．联系单位及联系人

国网新源集团科信部。

2.3　抽水蓄能电站暂态工况振动分析关键技术

1．技术原理与特点

随着抽水蓄能电站建设的迅猛发展，抽水蓄能电站的振动问题愈显突出，如张河湾

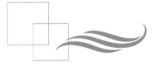

抽水蓄能行业新技术目录(2023 年版)

抽水蓄能电站机组在发电工况接近额定负荷稳定运行时，机组和厂房局部构件振动剧烈；广州抽水蓄能 A 厂电站局部厂房剧烈振动导致了楼板出现局部结构裂缝。目前，国内、外主要是针对机组稳定运行状态，抽水蓄能机组由于其特殊运行方式，机组启停频繁，工况转换多，暂态过程工况下机组和厂房振动问题越来越受到电站用户的关注，亟需开展该方面的系统研究。

目前，国内已投产的大型抽水蓄能电站在暂态工况下普遍存在剧烈振动问题，部分电站厂房上部结构因振幅过大而发生破坏，使得电站不得不避开振动强烈的负荷区间，不同程度影响区域电网调峰调频能力。通过对国内已投运 5 个抽水蓄能电站暂态工况下厂房振动与机组振源开展测试与分析，揭示抽水蓄能电站暂态工况下机组与电站厂房耦合系统的强烈振动特性，提出暂态工况下机组与厂房振动控制阈值，探寻暂态工况下机组与厂房振动控制措施。该项目主要关键点是查明抽水蓄能电站暂态工况下的振动原因，分析机组与厂房耦合振动机理，研究暂态工况下有效减振措施。该项目难点主要表现为：目前已有抽水蓄能电站机组与厂房振动研究成果均为针对稳态运行工况，对于暂态工况下的振动问题研究尚无公开成果可供借鉴。项目研究难点在于暂态工况下的振动控制阈值与有效减振措施研究。

（1）暂态工况下厂房振动响应与机组振源联合测试与分析：针对暂态工况下厂房振动问题，开展机组振源与厂房结构振动响应联合测试与分析；开展厂房局部结构自振频率测试与分析。

（2）振动仿真计算分析：创建抽水蓄能电站厂房三维精细有限元模型；开展厂房上部各局部结构的自振频率计算分析与共振校核分析；基于上述模型和振源测试成果开展厂房结构振动响应计算分析；在上述研究基础之上揭示抽水蓄能电站暂态工况下机组厂房局部振动强烈机理。

2. 适用条件或应用范围

该技术适用于抽水蓄能电站机组和厂房暂态工况振动分析，适用于评价机组和厂房振动状态，并提出相应的减振措施建议。

3. 应用注意事项

该技术应用，应严格根据水电站现场测试规程，选用合适传感器和采样频率，获得机组和厂房暂态工况下完整的振动过程信号。

4. 联系单位及联系人

国网新源集团科信部。

2.4　抽水蓄能机组电动工况停机出口断路器最优分闸时间研究

1. 技术原理与特点

断路器的电寿命通常指一个新的灭弧室在多次开断短路电流之后，由于触头和喷口的烧损直到不能正常开断短路电流时的寿命。 IEC（国际电工委员会）和国家标准对电寿命都无规定。 国外断路器生产厂家一般用断路器累计开断短路电流的千安数或累计开断额定开断电流的次数来标定电寿命。 大量的断流容量试验和现场运行的经验表明，影响电寿命的主要因素是触头的磨损。 在我国，传统的方法是用累计开断电流或累计开断次数的方法来估计电磨损量，但上述传统方法存在以下问题：

（1）累计开断次数由于没有区分每次的开断电流和燃弧时间，据此估计触头磨损量是粗略的。

（2）单纯以累计开断电流作为判断触头健康状态的依据也是不准确的。 事实上，同一断路器在同样的外部条件下先后开断两次同样大小的电流值，其烧损程度也可能不同。

（3）若开断电流相差悬殊，由于断路器烧损机理不同，同样大的累计开断电流值，在大电流开断时的烧损与在小电流时的烧损相差很大。 例如，对压气式 SF_6 断路器而言，一次 50% 额定电流的触头烧损量相当于 78.5 次 10% 额定电流开断或 0.31 次 100% 额定电流的触头烧损量。

实际上，与触头磨损有关的主要因素是开断电流的大小和燃弧时间的长短，即电弧能量。 用累计电弧能量来标定断路器的电寿命是一种相对而言比较科学的方法。 但是在工程实施中，这种方法操作不便，由于要求记录每次开断的燃弧时间，存在较大的测量误差，影响判断的准确性。 因此，一般应用相对电磨损和相对电寿命的概念对断路器的电寿命进行分析和标定。

在无法确定断路器实际切断电流大小及电磨损的情况下，对断路器盲目解体，不但会造成巨大的人力、财力浪费和不必要的停电，而且可能会使原本完好的断路器因检修而出现故障。 因此，通过对机组在各种工况下分闸电流的分析，以及对断路器的电寿命进行精确分析和标定，不仅可以减轻运维人员工作量，减少不必要的检修成本，同时增加机组的利用小时数和等效可用系数，具有较大的经济价值。

2. 适用条件或应用范围

适合于抽水蓄能电站发电机出口断路器的电气寿命分析。

3. 应用注意事项

（1）实际应用中应充分考虑机组解列时间要求，如不设置边界条件，GCB 开断电流越小时，机组解列的时间相应越长。

（2）实际应用中机组发电停机和抽水停机可以选择不同时刻，在保证机组安全运行的前提下，尽量减少 GCB 开断电流，延长其电气寿命。

4. 联系单位及联系人

国网新源集团科信部。

2.5 机组光纤测温系统

1. 技术原理与特点

水力发电机组温度是表征机组运行状态的重要指标之一，在机组铁芯、绕组、压制等关键部位均需安装温度传感器实时监测机组运行温度。目前，机组内常用 RTD 电测传感器进行温度测量，其安装时绝缘屏蔽及接地要求高，接线数量多，长期使用后由于绝缘屏蔽老化，在复杂电磁环境下受干扰严重难以正常工作，同时测量信号不易远距离传输。基于光波长测量的机组温度监测光纤传感器抗电磁干扰能力强，长期稳定性好，结构小巧，易于植入机组内部，同时传感器无需供电。光纤传感器可采用波分复用、时分复用等通信复用技术组成准分布式网络，一台机组上百只传感器光信号可通过一根多芯光缆完成信号传输，相对传统电测传感器节省大量电缆，也降低了后期运维难度。

基于光纤光栅传感器的传感过程是通过外界参量对布拉格中心波长的调制来获取传感信息，这是一种波长调制型光纤传感器。宽带光入射光纤，将产生模式耦合，当满足布拉格条件时，光栅将起到一个反射镜的作用，反射回一个窄带光波，窄带光波长与外界物理量变化相关，通过测量反射光波长测量机组温度变化。

机组光纤测温系统链路简单，中间环节少，主要由光纤光栅传感器、传输光纤和光纤光栅解调仪三大部分组成，其主要特点如下：

（1）长期稳定性好，抗干扰能力强：传感器为波长测量型传感器，测量信号不受光源起伏、光纤弯曲损耗、连接损耗和探测器老化等因素的影响，具有很好的长期使用稳定性和抗干扰能力。

（2）准分布式测量：能方便地使用波分复用技术在一根光纤中串接多个光纤光栅进行准分布式测量，节省 80% 以上电缆，线路少，链路简单、接线及检修工作量少。

（3）绝缘性能好：传感器本身不带电，本质防爆，适合于易燃、易爆等危险物品检测；对电绝缘，适合于高电压场合检测。

（4）抗电磁干扰，耐腐蚀：光纤传感器具有天然的抗电磁干扰的优点，无需屏蔽及

接地，同时具有非传导性，对被测介质影响小，又具有抗腐蚀、抗雷击的特点，适合在高磁场等恶劣环境中工作。

（5）传感器与光纤之间存在着天然的兼容性，易于光纤连接、低损耗、光谱特性好、可靠性高。

（6）高灵敏度、高分辨率。

（7）传感信号可远距离传输，便于实现实时、在线测量。

（8）全光网络，中间环节少，无中间变送器，整套系统只需将传感器光缆接入解调仪即可，解调仪具备测量、通信及组态报警功能。整个系统只有光纤光栅解调仪需要供电。

因此，光纤测温传感器具有天然的抗电磁干扰和绝缘特点、线路少、系统简单，而且为全光网络，与其他电子类传感器相比，用于机组温度监测具有无可比拟的优点。

主要性能指标见表 2.1。

表 2.1　　　　　　　　　光纤光栅温度传感器技术指标

项 目 名 称	性 能 指 标
量程/℃	−20～180（可定制不同量程）
测量精度/℃	±0.5（绝对精度）
分辨率/℃	0.1
安装方式	表面安装或埋入
信号传输距离/km	＞10

2．适用条件或应用范围

（1）适合于机组定子温度测温：定子绕组、铁芯、汇流环等部位光纤监测。

（2）适用于机组轴承光纤测温系统：导瓦多温度参量监测及分析。

（3）适用于机组转子温度监测：转子绕组、阻尼绕组、集电环等部位光纤监测。

3．应用注意事项

（1）施工期间需注意光纤保护，避免出现光纤损坏。

（2）制定光纤传感装置的运行规程和检修规程。

4．联系单位及联系人

南瑞水利水电科技有限公司：王军涛。

2.6　基于声表面波的无线无源测温技术

1．技术原理与特点

电力事故中，高温引起的设备爆炸燃烧占很大比例，由此带来的经济损失非常巨

大。 发热部位主要是电力设备的各类触头、接头、插头和可旋转部位，而造成发热的主要原因是老化、腐蚀、松动、过载和通风不畅等。 在事故发生前，这些部位往往已经有异常升温现象。 因此，通过对电网这些连接部位进行温度监测可以防患于未然，具有重要意义。 在所有在线监测新应用技术中，声表面波传感技术成为一个亮点。

由于开关柜相对封闭，目前无法实时监测到设备发热趋势，全国已经出现多起因发热引发短路和停运的事故，严重影响安全生产。 以声表面波（SAW）器件作为传感器，将其安装在被测点上，无需连线即可将被测点的温度信息传送出去。 该器件本身无需电源供电，亦无需从电力装备上取电，因而具有突出的安全性、可靠性和可维护性。 该技术属于高电压设备安全智能监测方面的一项创新性技术，是智能电网高压设备实时温度预警技术的突破。

完整的无线无源声表面波传感器是由声表面波无线测温探头（传感器）和基于雷达原理的温度读取器组成的一个在线监测系统，其工作过程是：读取器发出电磁扫描信号，探头接收到电磁波信号并由叉指换能器转换成其内部工作的声表面波；声表面波再经叉指换能器转换成电磁波信号经由天线返回到读取器；声表面波的传播特性（主要是传播速度）与温度有着线性特征关系，从而使探头返回的回波信号具有温度特征；读取器提取探头返回的电磁波信号特征，就能获得温度信息，从而实现无线无源的温度监测。

主要性能指标：

（1）测温范围：－70～220℃。

（2）测温精度：±0.5℃。

（3）系统功率：≤3W。

2. 适用条件或应用范围

适合于各电压等级的水电厂电站开关柜动静触头、电缆接头、变压器套管、母线槽等。

3. 应用注意事项

（1）调试时需考虑金属遮挡物、被测物金属面积、天线角度等情况，可通过调整接收天线位置、角度等解决。

（2）根据开关柜类型、被测设备类型及安装位置、设备运行工况，分别设置温度报警阈值。

（3）室外的测温设备需考虑天气因素，通过三相温差报警阈值和单相报警阈值相结合，更能准确反映现场设备运行状态。

4. 联系单位及联系人

国网新源集团科信部。

2.7 一种高压开关设备无线无源充电式测温系统

1. 技术原理与特点

发电厂的高压开关柜在长期运行过程中，开关的触点和母线连接等部位常因老化或接触电阻过大而发热。电气连接点的连接方式主要以螺栓连接为主，螺栓一般采用钢材制成，不同金属的膨胀效应不同。在运行中随着负荷电流及温度的变化，不同金属接头的膨胀和收缩程度将有差异而产生蠕变，也就是金属在应力的作用下缓慢的塑性变形。蠕变的过程还与接头处的温度有很大的关系。螺栓连接处往往出现温升异常的情况，每次温度变化的循环所增加的接触电阻，将会使下一次循环的热量增加，所增加的温度又使接头的工作状况进一步变坏，因而形成恶性循环，最终造成事故，如图2.1所示。

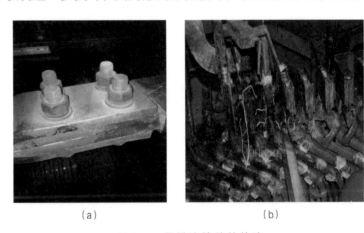

(a)　　　　　　　　　　(b)

图 2.1　母排连接处的故障

在抽水蓄能电站中，开关柜相对封闭，开关柜内部电缆接头能通过观察窗观察（如图2.2所示），开关柜防误闭锁系统不允许设备带电时开前、后柜门，无法实时监测到设备的温度发展趋势，并且已经出现多起因发热引发短路和停运的事故，严重影响安全生产。传统的人工测温方式耗费大量的人力，并且封闭式开关柜无法进行内部测温；有线温度监测系统工程量大、布线困难、成本较高；两种测温方式都不能满足现场的需求，亟需新的测温方式。

物联网的核心技术之一 RFID 技术和传感器技术已经比较成熟，利用 RFID 的无线充电技术正在成为许多应用领域的适用电源，当然也是无线传感器供能方式的探求方向。由于众多无线传感器、远程监视器和其他低功率应用设备正逐渐发展成为只使用收集能量的近"零"功率器件，因此可以将 RFID 技术为无线温度传感器供电，若将两种技术进行结合应用于开关柜设备测温中，将完全免除增设有线电源或电池的需要，对开关柜的电缆连接部位进行实时在线测温。

主要性能指标：

图 2.2　10kV 开关柜

（1）传感器尺寸：75mm×34mm×6mm。

（2）测温范围：－25～125℃。

（3）耐温范围：－40～250℃。

（4）测温精度：±1℃。

（5）防护等级 IP51。

2. 适用条件或应用范围

（1）适用于中高压开关柜内部高压接头测温系统。

（2）适用于人工测温耗时费力且有线测温系统布线困难的测温系统布置。

3. 应用注意事项

（1）高压开关设备内部母排存在高电压、大电流、过热、强电磁干扰、RF 源屏蔽问题，对监测传感器要求很高，不允许出现传感器松动、影响电场环境及绝缘距离等问题。

（2）制定无线无源测温装置的运行规程和检修规程，定期进行检查维护。

4. 联系单位及联系人

国网新源集团科信部。

2.8　一种 GIS 开关位置远程在线监测系统

1. 技术原理与特点

随着电网规模的持续扩大，为调节负荷的峰谷差，在全国各地建设了多座抽水蓄能电站，为电网运行提供调峰、事故备用及调频调相等重大作用。 由于抽水蓄能电站的特

殊作用和工况，其线路中关键部件 GIS（气体绝缘金属封闭开关）亦运行频繁，为保证安全，对 GIS 开关状态监控的要求也随之增高。

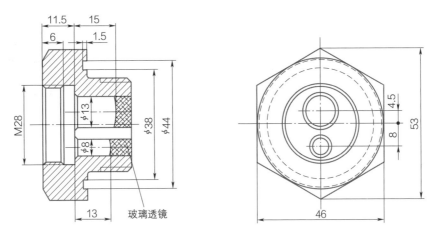

图 2.3　GIS 开关状态观察窗结构尺寸及视场特点（单位：mm）

由图 2.3 可见观察视窗提供的观察通道非常狭小，为 ϕ8mm 和 ϕ13mm 的圆孔，视窗结构中虽有凹面玻璃透镜，但视野依然非常小且采光很差。尽管内窥镜技术从发明以来，经历了光学至数字、常规至微型，光孔低像素至视频高清晰成像的技术革新过程，但据对国内技术文献检索，国内外 GIS 开关状态检测均采用非专用的光学内窥镜，多以人工逐台逐点观察方式进行检查。

通过观察窗对隔离开关、接地开关状态进行观测，是许多超高压、特高 GIS 设备必须进行的重要检查，目前常规的方法是运行人员通过光学孔窥仪，在开关动作完成后，对每个观察窗逐一观察确认。该方法不仅存在着效率低、清晰度差的问题，还存在反馈响应慢和登高的安全隐患问题，日渐与线路安全运行的要求不相匹配，亟需改进。为此，该技术开发出一套可靠、高效、高清晰度的分布式 GIS 开关状态孔窥视频在线监测系统，极大地提高了 GIS 隔离开关、接地开关状态检测速度。通过在 GIS 设备上的安装应用，可大幅提高开关状态检测的可靠性、时效性及安全性，直提高了检测质量和效率，进一步保证线路设备的运行安全。

图 2.4 中模块 1 为 GIS 隔离开关状态视频信号采集部分，作用是通过 GIS 设备开关状态观察窗，布置专业微型摄像头（每组 ABC 三相），在线对所位于的 GIS 隔离开关实时拍摄，完成对开关状态的高速视频采集。模块 2 为视频信号传输系统，由多路摄像头视频及供电接口、多层复合屏蔽套、视频矩阵接口组成，实现对摄像头及光源的供电、视频信号传输和对高压脉冲电磁的屏蔽。模块 3 为视频矩阵与数据库系统，以阵列切换的方法将多路摄像视频信号输出至监控设备和图像监控辅助处理，并将视频信号录入管理数据库。模块 4 为视频同步多通道监视器，接收模块 3 发出的视频信号，并按监控的需要，将各通道的图像以逐屏或同屏的方式显示在屏幕上。模块 5 为图像监控辅助处理系

统,对 GIS 开关位置进行自动分析,判断动触头动作状态及是否正确到位,辅助监控并记录。

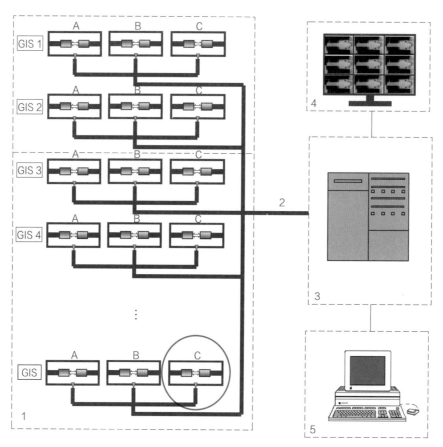

图 2.4　系统框图

在 GIS 开关状态观察窗,逐点布置高动态分辨率微型专用摄像头,通过软件控制,将开关位置及行程状态的静态和动态数字视频信号,传入主监视系统,在视频显示器上同屏或逐点放大显示,以实现开关状态的全自动高速实时监控。最终根据理论和实验室研究结果,攻克了抗强电磁冲击和高稳定性的难题,制作出满足 GIS 开关状态监控的微型专用孔窥摄像头,并通过分布式视频监控系统,研发出了一套能够快速、可靠和安全地对 GIS 隔离、接地开关状态进行在线监测的视频系统。

2. 适用条件或应用范围

适合于所有电力行业 GIS 设备。

3. 应用注意事项

使用期间需确保环境温湿度正常,以免影响通信设备。

4. 联系单位及联系人

国网新源集团科信部。

2.9 高压隔离开关触点远程在线激光消缺技术

1. 技术原理与特点

随着我国水电工程建设的不断发展，高压隔离开关是唯一完全暴露在大气环境中工作的设备，因此它也是受环境和气候条件影响最直接和最大的电器设备。自然界的冷、热、风、雨、雾、雪、冰、霜、日晒、沙尘、潮气以及大气中的污秽、运行中的放电等都会对高压隔离开关的各部件造成程度不同的损害，而由此产生的腐蚀和锈蚀就会影响其各种性能。

目前，清理高压隔离开关锈蚀均采用停电人工打磨或化学试剂擦拭的方式进行，工作量庞大而复杂，而且锈粉及除锈剂不仅严重污染环境，更有害于工人的身体健康，耗时、费力，可能对原设备造成金属损伤，亟需研究一种可远程在线的消除技术。该研究可圆满解决这一难题，具有以下特点：可实现非接触式远程处理，不受设备电压影响；适用范围广泛，如所有电气设备的表层锈蚀、镀锌板表面的红锈、铜材表面的氧化层等，清洁度远高于传统清洗工艺，在不损伤基材表面的基础上可使表面复旧如新；激光除锈设备可多次使用且运行成本低，主要为激光器的耗电；能高效快捷地除去金属表面及角落的锈蚀，可提高表面的硬度及抗腐蚀能力。

激光清洗过程实际上是激光与物质相互作用的过程，包括一系列复杂的化学物理效应。激光清洁技术是使用高频短脉冲激光作为工作介质的高端清洁解决方案。特定波长的高能光束被锈蚀层、油漆层或污染层吸收，形成急剧膨胀的等离子体（高度电离的不稳定气体），同时产生冲击波，冲击波使污染物变成碎片并被剔除。基材（主要是金属）也不会吸收能量，不会损伤被清洁物体的表面，不会降低其表面的光洁度。

主要性能指标：

（1）激光功率：0～2000J，可调。

（2）旋转角度：水平±180°；俯仰0°～+90°。

（3）整机功耗：≤500W。

2. 适用条件或应用范围

适用于各电压等级的水电站隔离开关触头及金属设备的在线带电除锈、除油。

3. 应用注意事项

（1）不使用时，请给激光设备盖上防尘罩；不要对激光设备使用润滑油。

（2）工作区不应有易燃易爆物品存在，同时具备相应的防范设施。

（3）激光加工设备和操作均应遵照 GB/T 7247.1～14《激光产品的安全》激光设备辐射安全、设备分类、要求和用户指南及 GB/T 10320—2011《激光设备和设施的电气安

全》国家标准执行。

4. 联系单位及联系人

国网新源集团科信部。

2.10 计算机监控系统工况转换优化技术

1. 技术原理与特点

计算机监控系统是抽水蓄能电站安全可靠运行的重要保障,与常规水电站相比,抽水蓄能机组存在工况多、工况转换运行频繁、控制流程复杂等特点。 早期抽水蓄能电站的计算机监控系统均为国外产品,机组工况转换时间偏长、机组工况转换控制流程复杂等问题越来越无法适应新型电力系统的要求。 优化机组工况转换流程、缩短工况转换流程时间,才能提高工况转换可靠性,进一步满足电网快速响应的要求。

依据 GB/T 32894—2016《抽水蓄能机组运行工况流程监控技术导则》、《抽水蓄能机组控制流程典型设计》手册、《可逆式水泵水轮机控制系统技术条件》以及国家标准《抽水蓄能机组运行工况流程监控技术导则》(征求意见稿),对计算机监控系统机组现有跳闸矩阵存在的问题进行分析,提出跳闸矩阵优化方案;在对兄弟单位监控系统流程调研的基础上,借鉴和总结机组工况转换流程,梳理机组工况转换流程优化建议;上述成果优化机组工况转换优化流程并进行试验,根据试验结果进行优化、改进。

提出了监控系统工况转换流程优化方案,提高了背靠背启动成功率;提出了机组同期并网优化方案,通过参数的调整有效优化同期并网;提出了跳闸矩阵优化方案,使跳闸矩阵更符合电站运行实际;优化了温度保护测点,增加梯度越限闭锁功能、通道闭锁功能,提升温度保护可靠性。

2. 适用条件或应用范围

适用于系统内投运抽水蓄能电站,为后续建设的抽水蓄能电站计算机监控系统设计提供借鉴。

3. 应用注意事项

(1)计算机监控系统工况转换优化应立足于电站机组特性实际,同时符合《抽水蓄能机组运行工况流程监控技术导则》等规章制度要求。

(2)计算机监控系统工况转换优化后应进行试验验证。

4. 联系单位及联系人

国网新源集团科信部。

2.11　一种球阀检修密封机械锁锭投退装置

1. 技术原理与特点

随着我国新能源发电的高速发展，抽水蓄能电站作为重要的调节能源发挥着越来越重要的作用。风电及光伏等新能源机组的比例逐渐增加，抽水蓄能机组的启停频次逐渐增加。机组的频繁启停，对提高设备的可靠性有着越来越高的要求。机组的检修是提高设备可靠性的重要途径，提高机组检修的工作效率也就有着越来越重要的意义。

国内某抽水蓄能电站主进水阀为球阀，通径 3150mm，上游侧设有检修密封，一般在机组检修时投入使用。该电站球阀体积较大，球阀本体最高处距地面 10m，机组检修时需要将球阀上游检修密封机械锁锭投入，检修结束后上游检修密封机械锁锭需及时退出。检修密封机械锁锭为人工投退，机械锁锭投退是否到位完全靠经验判断，并且检修密封位置无工作平台，检修人员投退检修密封机械锁锭时极为不便，有高空坠落的危险。该电站每年 4 台机组检修共计 8 次，考虑汛前汛后闸门活动试验及公用系统检修及事故情况抢修，全年需进行 20 余台次的机械锁锭投退，工作量较大。为保证检修密封机械锁锭的精确、方便投退，研究一种在固定轨道上自动行走的机械锁锭智能投退装置。

球阀检修密封机械锁锭自动投退装置实现投退锁锭螺栓的自动定位，以锁锭螺杆的行程及投退力矩的大小为依据，实现检修密封机械锁锭螺栓松开或拧紧动作来控制螺栓的轴向行程以控制锁锭螺栓的投退。装置利用安装在大型球阀上游延伸段外壁的固定轨道作为定位轨道，通过一种可以自动定位的摩擦传动装置进行传动定位，控制器发送运动控制指令，确定锁锭螺栓的位置后，利用三套 120° 均布的自动控制的机械手，投退球阀检修密封机械锁锭，保证设备安全性。轨道的安装方式为直接套装在球阀上游延伸段上，轨道的材质使用 Al－Si 合金的轻质铝合金材质。

2. 适用条件或应用范围

（1）适用于机组检修期间的上游检修密封机械锁锭自动投退。

（2）适用于主进水阀为球阀且检修密封锁锭型式为螺栓锁锭的设备。

3. 应用注意事项

（1）使用前需确定球阀检修密封已投入。

（2）球阀检修密封锁锭投入后应进行抽检其投入情况。

4. 联系单位及联系人

国网新源集团科信部。

2.12　一种主进水阀在线监测与状态评估系统

1. 技术原理与特点

抽水蓄能电站主进水阀上游与压力钢管连接，下游与水轮机进水蜗壳连接，是电站正常生产和事故情况下保障安全的重要机电设备。抽水蓄能电站机组运行工况多，主进水阀动作频繁，比常规水电站更容易出现故障。主进水阀一旦发生故障，轻则影响机组的正常运行，重则造成机组设备的损坏，甚至影响电网的安全和稳定，在国内水电机组也多次出现过因主进水阀密封或操作机构问题导致机组开停机失败的情况。因此，为实现抽水蓄能电站效益的最大化，保障抽水蓄能机组的高效稳定运行，亟需开展抽水蓄能电站主进水阀设备在线监测技术与状态评估技术的研究，以实时掌握主进水阀设备的健康状况，及时发现设备缺陷和隐患的研究，提高抽水蓄能机组设备健康管理水平。

该装置针对抽水蓄能电站的主进水阀设备结构特点，对主进水阀及其附属设备各部位压力、振动、位移、噪声等监测参数和主进水阀运行状态的关系开展系统深入的研究，确定主进水阀典型在线监测配置参量，并在此基础上开发一套针对抽水蓄能电站主进水阀设备的状态在线监测和评估技术，为抽水蓄能电站安全稳定运行提供技术支撑。

2. 适用条件或应用范围

（1）适用于抽水蓄能电站机组主进水阀系统。

（2）适用于智能化水电站的设计要求。

3. 应用注意事项

（1）使用期间需定期升级监测系统软件。

（2）使用期间应定期对传感器进行校验。

4. 联系单位及联系人

国网新源集团科信部。

2.13　一种机组导叶传动保护装置

1. 技术原理与特点

目前，国内外关于抽水蓄能电站可逆机组活动导叶（或简称导叶）在启闭过程中的三维动态水力特性和导叶保护装置力矩特性方面的相关研究均尚处探索阶段，这是可能导致发生抽蓄机组导叶损坏等事故的主要根源之一。

项目以抽水蓄能电站"输水系统和可逆机组"整体为研究对象，开展"活动导叶水力特性""导叶保护装置力矩特性及设计原则"两方面研究。建立一维三维瞬变流联合仿真计算模

型和计算方法;完善可逆机组全流道三维瞬变流仿真模型和计算方法;计算研究抽水蓄能电站主要正常运行工况、过渡过程工况的全系统瞬变流动特性、导叶区三维流动特性以及导叶水力特性。 通过试验观测和计算分析,在已知特性的导叶所受水力矩的作用下,分别针对三种不同结构形式的导叶保护装置(即摩擦装置、剪断销、摩擦装置+剪断销),研究其反作用力矩特性,揭示其失效机理及影响因素,提出其合理的设计原则;研究预测在导叶保护装置失效后,导叶限位块可能受到的冲击力的大小,为限位块的设计提供理论依据。

抽水蓄能机组导叶传动保护装置研究依据某电站机组参数,建立可逆式机组全流道三维瞬变流及抽水蓄能电站输水管道及机组的全系统一维三维瞬变流联合仿真计算模型和计算方法并验证分析,完成了机组稳定抽水运行下导叶水力矩特性研究,建立了机组抽水断电甩负荷情况下全流道三维瞬变流仿真模型和计算方法,获得了相对应的导叶水力矩特性,获得了机组稳定发电运行下导叶水力矩特性以及内部流场特性;完成了"导叶保护装置力矩特性及设计原则"研究。

2. 适用条件或应用范围

(1)该研究成果的模型是基于某电站抽水蓄能机组的实际参数建模得来,由此建立的可逆式机组全流道三维瞬变流仿真模型和计算方法适用于该电站,同时对大多数抽水蓄能电站具有指导意义。

(2)该研究成果对抽水蓄能机组过渡过程下导叶水力矩特性以及内部流场特性的研究是基于某电站抽水蓄能机组的实际参数通过三维模拟得到的,适用于该电站,同时对大多数抽水蓄能电站具有指导意义。

(3)该研究成果得出的导叶保护装置力矩特性及设计原则基于三维模拟和实验,适用于大多数抽水蓄能电站。

3. 应用注意事项

(1)使用期间应保证实际运行工况与本研究成果的模拟工况相同或相近。

(2)规范化导叶传动保护装置的生产过程,保证装置的出厂质量。

(3)严格遵守该研究成果提出导叶保护装置的设计原则以及导叶传动机构和限位块的设计原则,包括"摩擦装置+剪断销"装置的力矩分配原则。

4. 联系单位及联系人

国网新源集团科信部。

2.14　一种发电机定子自动清扫装置

1. 技术原理与特点

大修检修项目中关于定转子清扫作业,电厂一般采用人工清扫方式。 参加清扫作业

人员手持喷枪配合清洗剂以及检修用风，将带压的清洗剂喷洒至定子表面后，作业人员手拿破布擦拭清扫定子表面。 定子清洗剂为有毒清洗剂，且清扫作业空间狭窄，危害作业人员的身心健康。 所以亟需研制一套定子清扫机器，解决作业人员长时间处于狭窄作业空间的弊端。

研发出一种集电气控制装置、清扫模块、清扫介质系统为一体的自动清扫设备。 该系统核心为：利用电站压缩气体，采用干冰作为清扫介质；干冰喷嘴与自动控制装置联动，借助机组盘车，实现喷嘴的往复或圆周运动的清扫。 具体设计原理如下：

（1）电气控制箱：电气控制箱主要由开关电源、PLC、触摸屏、伺服驱动器、继电器以及把手指示灯等组成。 PLC 作为核心控制单元，根据设定的参数和选择的运动模式，采集执行机构的反馈信号，完成对伺服电机的速度、位移控制。

（2）执行机构：采用工业控制领域常用的一种电动驱动机构，由伺服电机、联轴器、传动皮带、光电位置开关组成，业内称之为电动滑台。 动力源来自伺服电机，可以快速而灵敏地响应输入的控制信号。 该机构简单，无漏油漏气风险。 安装空间小，利于电气连接。

（3）干冰系统：干冰即为固态 CO_2，为采购的成品。 系统主要为一套电气动力装置。 由电机、变频器、磨碎机、干冰箱、气动阀、干冰软管及喷嘴等组成。 其作用是将加入的固态 CO_2 磨碎、雾化，然后借助接入的低压气体，将气体 CO_2 从软管中喷出。

（4）其他附件：由于现场喷扫空间有限，采用了一种短小、喷流量大，噪声小且易于固定的鸭嘴式喷嘴。 喷嘴方向可以在一定角度范围内实现 360° 调节、固定功能。 喷嘴采用专用夹具进行紧固固定。

主要性能指标：

（1）外部电源：220V ± 10V。

（2）负载要求：水平 30kg，垂直 15kg。

（3）建议速度：20～50m/s。

2. 适用条件或应用范围

（1）该技术和装置适用于混流和轴流机组、抽水蓄能机组等立式机组的发电机定子清扫。

（2）装置安装适应性强，使用简单，清洗装置成套供货，对场地无特殊要求，现场只需要有低压气源提供，适用所有大中小型发电机定子清洗。

（3）如是小型机组或卧式机组，本研制产品可以将喷嘴与传动机构进行脱离，并将喷嘴替换为手持式、手控式进行定子或其他设备的清扫。

3. 应用注意事项

（1）产品应用应准备足够的干冰材料，根据需要的清扫面积和喷扫速度来填装相适

应量的干冰。

（2）在产品选型采购时，需提交转子的图纸参数或由厂家进行现场踏勘，以确定电动滑台的移动范围和清扫范围。电动滑台的长度和其安装的连接板，需要根据不同的电站实际情况进行定制。

（3）设备停用期间，应做好防尘隔离，避免后期使用时损坏伺服电机及其传动齿轮。

4．联系单位及联系人

国网新源集团科信部。

2.15　一种智能化调速系统

1．技术原理与特点

目前，大型抽水蓄能电站调速系统仍然采用常规设计，虽配置了网络接口，但不支持 IEC 61850 标准建模及通信，通信的速度及信息量难以满足数据分析及诊断要求；没有统一对时系统，无法对故障发生时刻精确定位；电站的状态监测系统没有考虑调速系统的监测、评价、故障预警等功能；仅有电气柜、机械柜的综合报警，详细故障信息需要用户自行到柜内排查，无法提供预诊断功能和"状态检修"策略。如何利用已获取的设备监测数据，正确评估调速系统运行状态，对系统状态变化做出预测，并分析调速系统运行过程中存在的异常问题，成为了一个亟待解决的问题。

智能化调速系统主要包括以下内容：通过形成直流 B 码和网络对时互为冗余，提升了智能调速器统一时钟的可靠性；提出层次分析法及综合模糊评判原则，基于响水涧抽水蓄能电站实际运行数据和试验数据，对其调速系统的健康状态进行了科学评估分析，并获得了有效结论，为后期状态检修奠定基础；针对抽水蓄能电站机组调速系统故障诊断及预警，提出基于专家知识库的故障树分析方法，建立响水涧抽水蓄能电站调速系统的故障逻辑判断树（如图 2.5 所示），并进行了实践应用。

2．适用条件或应用范围

该成果适用于南瑞集团有限公司设计制造的水电站或抽水蓄能机组调速器控制系统PCC‐X20 系列。

3．应用注意事项

该成果不适宜用在南瑞公司 X20 以下的调速器控制系统，因部分故障录波等功能不能直接实现。

4．联系单位及联系人

国网新源集团科信部。

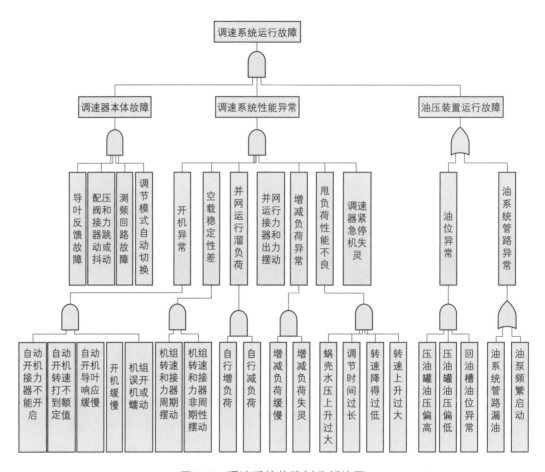

图 2.5 调速系统故障树分析法图

2.16 一种水轮机调速器事故录波系统

1. 技术原理与特点

调速器是常规水电站和抽水蓄能电站牵涉到电网频率控制和电站安全控制的核心控制设备。水电机组包括抽水蓄能机组出现过一些故障情况,仅仅依靠监控系统相关信息和外部检查,难以找到故障原因,例如:①发电并网后或抽水调相转抽水时导叶未开启导致机组跳机;②功率反馈缺相引起机组导叶异常开启导致跳机;③一次调频积分电量不满足电网考核要求。以上均需知道调速器内部控制信号和参数变化才能找到原因。

该项目成果在国内首次设计出水轮机调速器事故录波系统,该方法引领了水电行业调速器发展潮流,解决了本调速器行业领域内关键性的共性技术难题,填补了国内空白,有助于促进国内水电行业调速器事业的发展和水平的进步。

设计出的水轮机调速器录波系统,既可以内嵌于调速器 PLC 控制器,又可以成为单独的调速器事故录波系统,能够更好地保障电站设备和机组安全。

通过快速定位调速器自身故障,可避免运维故障扩大化,提高检修效率,大大缩短

检修时间,提高调速器安全稳定运行可靠利用率,提高机组的利用率,减轻生产一线工作人员的压力,提高水电站和抽水蓄能电站的运行维护水平。

设计的水轮机调速器事故录波系统如图2.6和图2.7所示。 主要技术如下:

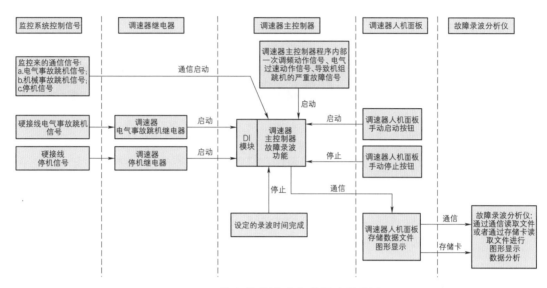

图 2.6　带事故录波功能的调速器设计

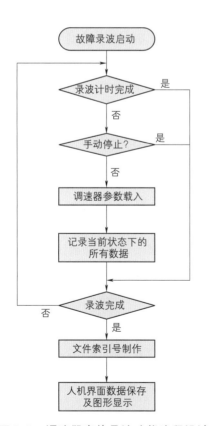

图 2.7　调速器事故录波功能流程设计

(1)基于控制器分时多任务技术,设计并实现了内嵌于调速器的事故录波系统,实现对调速器内部参数的自动录波。

(2)基于数据文件有限循环技术和故障索引库技术,设计并实现了故障文件的大小控制,可有效节约硬件存储空间和防止溢出。

(3)基于 TCP/IP、modbus 通信技术,设计并实现了事故录波文件远方存储和显示。

主要性能指标:

(1)记录时间: 自动记录事故前后时间宜大于 5min。

(2)记录频:记录频率每秒不少于 10 点。

(3)记录启停:可根据跳机信号、一次调频动作信号等自动启动,记录时间截止自动停止,控制面板可手动启停。

2.适用条件或应用范围

该项目成果可推广应用于国内和国际调速器行业,适用于常规水电站和抽水蓄能电站调速器系统,具有巨大的可操作性、可复制性和推广借鉴价值。

3. 应用注意事项

读取数据分析时防止病毒感染设备。

4. 联系单位及联系人

国网新源集团科信部。

2.17　大型抽水蓄能静止变频器国产化关键技术

1. 技术原理与特点

抽水蓄能机组启动变频器由高压晶闸管整流阀组、逆变阀组、直流平波电抗器、阀组触发监控系统、逻辑控制系统及启动控制系统组成，该研究完整地对启动变频系统进行了设计计算。研究了启动变频器的控制理论及控制策略，并基于 RTDS 半实物系统进行了仿真测试，构建了 500kW/6kV 同步电机的动模试验系统，对启动变频的转子初始位置检测、低频脉冲控制、逆变桥换相超前角多自由度动态控制等技术难题进行了试验验证，成功研制出具有自主知识产权的抽水蓄能机组启动变频器，推进了我国抽水蓄能电站装备制造业国产化进程，促进我国抽水蓄能电站装备制造体系的完整性；而且通过有效竞争，可以降低抽水蓄能电站的投资成本和运行维护成本；同时可以提高抽水蓄能机组的利用率，提高电网的稳定性，保障电网安全，为国内抽水蓄能电站的快速发展提供强有力的技术支撑和服务保障。

该研究中的静止启动变频器采用交—直—交电流型晶闸管变频启动方式和高—高六脉冲的拓扑结构，实现负载换相式变频（LCI），用于完成抽水蓄能机组泵工况启动，是抽水蓄能电站核心控制设备。该研究中静止变频器实现机组作为水泵方式由静止状态到并网的控制原理和流程如图 2.8、图 2.9 所示，主要包括投励、计算初始位置角、脉冲换相控制、换相方式控制、同期控制和并网退出运行 6 个工况。

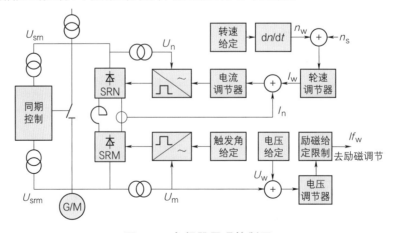

图 2.8　变频器原理控制图

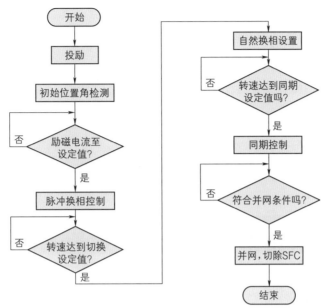

图 2.9　变频器启动流程图

主要性能指标:

(1) SFC 系统设备参数:

额定容量　　　　　18MW

额定频率　　　　　50Hz

额定电流　　　　　1000A

短时电流　　　　　1200/60s

额定电压　　　　　13.8kV

最高运行电压　　　15.18kV

接线方式　　　　　每个桥臂 16 只晶闸管串联

冷却方式　　　　　空气自冷

(2) 水泵同期控制的设计指标:

电压误差　　　　　±5%

相位误差　　　　　10°

频率滑差　　　　　< 0.75%

同期过程　　　　　≤60s

2. 适用条件或应用范围

(1) SFC 装置适用于抽水蓄能电站变频启动要求。

(2) SFC 装置能满足发电机启动运行的要求。

(3) 环境温度为 -10~40℃。

(4) 环境相对湿度不大于 90%,无冷凝。

（5）使用环境周围介质无爆炸性危险，不应含有腐蚀性气体，所含导电尘埃的浓度不应使绝缘水平降低到允许极限值以下。

3. 应用注意事项

静止变频器与励磁、监控系统、同期装置联系紧密。不同品牌设备的信号、逻辑、控制策略存在差异，使用前做好信号、逻辑、控制策略的识别和梳理。

4. 联系单位及联系人

国网新源集团科信部。

2.18 励磁系统测试与诊断技术

1. 技术原理与特点

励磁系统是抽水蓄能电站的核心控制设备之一，其控制性能的优劣直接影响机组运行的稳定性和可靠性。因此，对其出现的、潜在的故障进行智能化测试与诊断，就显得尤为重要。励磁测试与诊断系统的相关理论和技术，长期被国外制造商垄断，严重制约了我国抽水蓄能产业的快速发展，所以，研制出具有完全自主知识产权的智能化励磁测试与诊断系统，已成为我国抽水蓄能电站核心控制领域亟待解决的痛点和难点。

目前，励磁系统的现场试验接线复杂，需要根据不同的试验项目外接不同的试验设备。试验操作步骤复杂，需要按照步骤流程操作，试验过程中需要记录数据、录制波形，容易遗漏步骤或者数据，完成后需要撰写试验报告，这些都难以满足现代化电厂的需要。国内外的励磁系统测试及试验软件均集成在励磁调节器调试软件中，由于国内外厂家励磁调试软件主要针对厂家励磁调试人员使用，一般功能较为复杂，完成励磁系统各项试验操作烦琐，大多数国外厂家励磁产品均需要输入指令进行操作，对检修及运行人员能力要求过高，造成很多试验往往需要在励磁厂家人员指导下才能完成。

因此，研制出励磁测试与诊断系统，可以简化接线和试验操作，提高励磁设备的状态监控和故障分析的智能化水平。对于用户来讲可以大幅降低励磁现场试验的复杂程度，也可以提高励磁系统运行的可靠性。

励磁测试诊断系统包括三个方面：通用系统程序、励磁应用程序和励磁测试系统软件。励磁测试诊断系统软件分为两个部分：一是与励磁调节器的通信程序，负责读取模拟量、开关量、读写参数、上传波形等功能；二是软件界面，显示信息并接收操作命令，见图 2.10。励磁测试系统软件采用的开发环境是 Q_t。Q_t 是一个跨平台 C++图形用户界面应用程序开发框架，它提供给应用程序开发者建立艺术级的图形用户界面所需的所有功能。

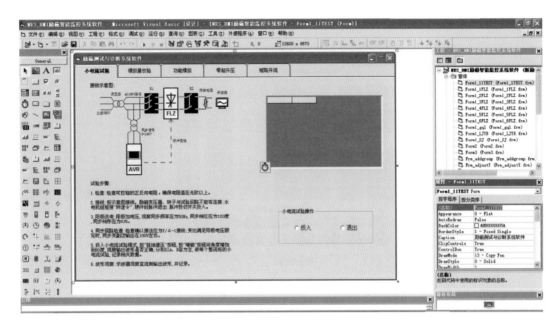

图 2.10 励磁测试诊断系统图

2. 适用条件或应用范围

励磁测试与诊断系统适用于所有南瑞集团有限公司设计制造的 NES 5100 及 NES 6100 励磁控制系统。

3. 应用注意事项

目前受制于 NES 5100 硬件平台的局限,无法实现远程大数据的交互。 通过升级硬件平台,升级至第四代励磁调节器 NES 6100,即可实现励磁系统远程诊断。

4. 联系单位及联系人

国网新源集团科信部。

2.19 临时接地线在线监控及闭锁装置

1. 技术原理与特点

临时接地线在线监控及闭锁装置通过在每个开关或刀闸的接地线挂接处附近位置安装接地桩,接地桩的位置信号接点引至中控室或值班室,并通过接地线在线监控系统显示,实时掌握全厂临时接地线的在用和库存情况。 临时接地线在线监控及闭锁装置主要由临时接地线闭锁联锁装置和临时接地线在线监控系统两部分构成。

临时接地线闭锁联锁装置由两组机械锁、闭锁装置、保护装置及信号开关组成。 临时接地线在线监控系统的各工程师操作站(包括现地和远程操作站)与 PLC 控制站之间采用工业以太网进行通信。 系统配置 I/O 模块时预留出设计需求 I/O 点数的 20% 作为冗

余量，合理分布并在备用插槽处配置必要的硬件，便于系统拓展，见图 2.11、图 2.12。

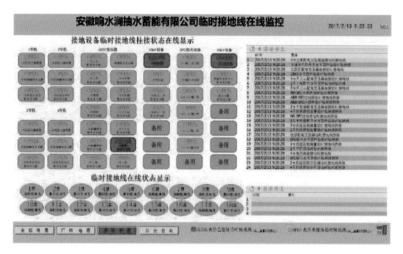

图 2.11　接地线状态总览

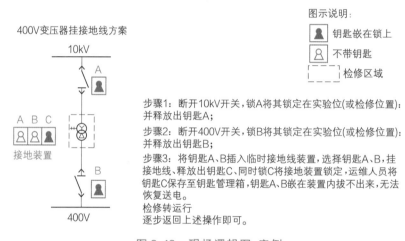

图 2.12　现场逻辑图-案例

该系统的技术特点：

（1）具有防止带接地线误合开关的闭锁、联锁功能。

（2）具有防止误将接地线挂接至带电线路的闭锁、联锁功能。

（3）临时接地线监控装置可以对全厂（站）接地线的使用和库存情况进行实时监控。

2. 适用条件或应用范围

该装置可广泛应用于各类发电厂、变电站、输变电线路的停电检修、倒闸操作的临时接地线的操作和管理。

3. 应用注意事项

（1）数据传输的稳定性和连续性。

（2）信息安全符合国网公司信息管理要求。

4. 联系单位及联系人

国网新源集团科信部。

2.20　水轮机抗空蚀耐磨损防腐蚀复合高分子涂层技术

1. 技术原理与特点

水电是一种清洁能源,我国当前的水电总装机已突破 3.8 亿 kW,为我国经济发展提供了强有力的保障。 水轮机是水轮发电机组的核心部件,其过流部件在运行过程中长期受到气蚀、高速水流冲刷腐蚀、泥沙磨损等破坏作用,会引起金属过流表面粗糙度变大、线性被破坏、摩擦阻力系数增加等,从而破坏过流部件应有的绕流条件,严重影响水轮机的效率及出力;此外,腐蚀造成的材料破坏会导致过流部件失效,直接影响水轮机的安全稳定及寿命。

水轮机过流金属部件传统的防腐蚀涂料防护涂层,因其抗气蚀性能、耐冲刷性能及磨损性能不足,在水流气蚀、冲刷和磨蚀等相互作用下,防护涂层很快就出现密集剥落、大面积冲毁等情况,防护效果差,因此水轮机过流部件经过一定时间运行后,就会出现大面积锈蚀、较严重腐蚀坑或严重磨损等异常,造成水轮机金属过流部件流线型超设计要求及明显减薄,从而影响水轮机过流部件水力性能及过流金属部件强度,进一步影响到整个机组发电效率和安全稳定运行。 为有效地解决水轮机过流金属部件锈蚀、腐蚀、磨损等问题,延长其使用寿命并降低其维修成本,水轮机过流金属部件的表面防护亟需采用新的防护材料、新的施工工艺,以提高防腐蚀涂层的抗气蚀性能、耐冲刷性能及磨损性能。

水轮机抗空蚀耐磨损防腐蚀复合高分子涂层技术采用环氧底涂层和高强韧聚氨酯面层的梯度复合方案,环氧涂层具有高粘接强度和硬度,可保障涂层体系与基材的结合强度,高强韧聚氨酯"以柔克刚",具有优异的抗气蚀、耐磨损、耐冲刷和防腐蚀性能,复合涂层由刚性至高强韧性过渡,具有良好的配套性。 同时各涂层的配比,充分考虑界面化学键合需要,预留反应性活性官能团,保证涂层体系层间粘接力和配套性,从而获得优异的抗气蚀耐冲刷性能。

主要性能指标:

(1)涂层体系结合强度: ≥10MPa,GB/T 5210。

(2)面涂层剥离强度: ≥10N/mm,或面涂层内聚破坏,GB/T 2790。

(3)抗空蚀性能: 振动空蚀试验 120h,涂层无裂纹、起泡和脱落缺陷,GB/T 6383。

（4）抗冲刷性能：30m/s水流冲刷400h，涂层无裂纹、起泡和脱落缺陷，GB/T 7789。

（5）耐磨性：≤0.05g/（1000g·10000r），GB/T 1768。

（6）耐水性：复合涂层蒸馏水中浸泡2000h，涂层起泡、脱落和锈蚀情况，满足GB/T 1733要求。

2. 适用条件或应用范围

该技术适用于水轮机固定导叶、活动导叶、尾水锥、底环等过流部件的表面防护，提高过流部件的防腐蚀能力，延长设备使用寿命。

3. 应用注意事项

（1）涂层的最终性能与施工质量密切相关，涂装施工时，现场环境需满足施工环境条件要求，并严格按照施工工艺进行涂装操作。

（2）为保证涂层体系与基材的结合强度，涂装前基材需进行喷砂处理，或打磨处理后使用配套带锈底漆。

4. 联系单位及联系人

国网新源集团科信部。

2.21 不拆机情况下水泵水轮机抗空蚀增材技术

1. 技术原理与特点

水泵水轮机是抽水蓄能电站的主要设备，空蚀可使水轮机过流部件表面上产生鱼鳞坑或使表面呈海绵状，破坏了表面原有的绕流条件，使水轮机效率和出力降低，严重时还可使转轮叶片掉块、掉边、穿孔，甚至脱落。空蚀造成水流的局部强烈扰动，从而加速水轮机的破坏。国内某高水头抽水蓄能电站4台机组水泵水轮机转轮存在不同程度的空蚀。转轮空蚀问题威胁着机组的安全稳定运行，使设备在运行中产生振动和噪声，造成设备运行效率低下、出力降低、使用寿命缩短、增加了检修工作量，甚至威胁到整个电网的安全运行。

对转轮空化的数值模拟主要集中在常规水轮机上，水泵水轮机（特别是高水头水泵水轮机）转轮的空化研究较少；对喷涂技术研究主要集中在水轮机/水泵的磨损或空蚀、磨损的联合作用方面，对单纯的抗空蚀喷涂材料和工艺研究较少，尚未见到对高水头水泵水轮机的抗空蚀喷涂材料和工艺的研究。空蚀使转轮过流部件发生破坏，降低转轮效率和出力，严重时还会使转轮叶片掉块、产生裂纹，甚至脱落，加速水轮机的破坏，大幅缩短检修周期，增加检修工作量，既严重影响电力生产，又造成巨大的经济损失。研究表明，空蚀破坏程度与水头的2.5～3次方成正比，而高水头水泵水轮机内流速高，空蚀强度大，破坏更大。因此，加强对高水头水泵水轮机转轮的空化特性和抗空蚀性能优良

的喷涂材料的试验研究具有非常重要的意义。

激光熔覆采用异步送粉法，主要工艺流程为先将侧向送粉嘴固定在同轴送粉嘴上组装成异步送粉嘴，其中侧向送粉嘴固定在与激光扫描方向相反的一侧，再将合金粉末或金属陶瓷复合粉末送入同轴送粉嘴，将陶瓷颗粒增强相送入侧向送粉嘴，最后通过调节侧向送粉嘴的角度和位置，使侧向送粉嘴将陶瓷颗粒增强相送入到与激光扫描方向相反一侧熔池的中部至尾部之间的部位，同时通过同轴送粉嘴将合金粉末或金属陶瓷复合粉末送入熔池中央，使用激光器进行激光熔覆，根据熔覆结果不断调整激光功率、扫描速度、送粉量、载气量大小等实验参数，直至获得最佳参数，然后根据实验计划进行熔覆，得到相应涂层。

主要性能指标：

（1）涂层厚度：0.6mm，厚度随叶片厚度均匀过度。

（2）喷砂后表面粗糙度：≤Ra12。

（3）喷砂与熔覆时间间隔：≤4h。

（4）熔覆后涂刷渗透保护材料后表面粗糙度：≤Ra3.2。

（5）激光熔覆最小作业半径：所选激光头焦距。

2．适用条件或应用范围

（1）适合于在运机组由于检修工期短，不拆除转轮进行防气蚀处理的情况。

（2）适用于转轮气蚀部位空间半径满足激光头最小作业半径要求的部位（若转轮可拆卸施工，则可增大可喷涂范围）。

3．应用注意事项

（1）尾水管进人门需满足设备进入尺寸。

（2）尾水管平台与转轮间高度应满足设备工作要求。

（3）所喷涂区域应大于喷嘴最小旋转半径。

（4）作业时应做好转轮室内重要孔洞的封堵。

4．联系单位及联系人

国网新源集团科信部。

2.22　CORS联合多波束水库库容淤积测量技术

1．技术原理与特点

水库库容和泥沙淤积量是水库调度的重要参数，为合理利用水库、科学调配水资源、有效控制水库泥沙淤积以及库区河道治理等工作提供必要基础数据。目前，水库库区淤积变化情况可通过对库区水下地形的定期测量经对比分析精确得出。对于低水头河

床式日调节水电站，库区水流平缓，较易产生泥沙淤积；水库库区水产养殖、航运等生产活动都可能对库区淤积有较大影响。 因此，为了精确获取当前水库库容和泥沙淤积量，确保安全防汛和高效利用水库资源，进行库区淤积量测量有着非常重要的实际意义。 传统的水下地形测量采用断面测量的方式，测量范围未能覆盖整个库区，测量结果也无法反映真实的水下地形，求得的库容值精度有限。 CORS联合多波束测深技术能够全覆盖式地测得水下各点的精确坐标，获取反映水库水下真实地形的点云数据，基于点云数据计算得到的水库库容更精确可靠。

CORS联合多波束水库库容淤积测量技术本质是获取水底点位的三维坐标，包括平面位置和高程，平面位置直接由CORS系统获取，高程则由多波束测深系统和CORS系统联合获取而得到。 库容变化情况和淤积情况则需在取得水下地形的基础上根据以往水下地形数据再运用库容淤积计算分析软件处理得到。 该项技术一方面实现了水下地形测的快、测的准；另一方面实现了算的精，从测和算两个方面保证了该项技术在库区水下地形测量方面的先进性。

主要性能指标：

（1）水深量程：520m。

（2）测深分辨率：＜10mm。

（3）最大波速：512个。

（4）宽深比：6倍水深。

2. 适用条件或应用范围

（1）库区水下地形测量，水库库容复核。

（2）河道型水库库区淤积测量。

（3）水库坝下冲坑探测与测量。

（4）水上事故失物探测与辅助打捞。

3. 应用注意事项

（1）作业水域平均水深须大于3m，船速控制在6节以内。

（2）多波束测深仪器设备安装稳固，线缆连接正确。

（3）山区测量时，要对CORS信号进行强度测试。

（4）测量作业前或后要及时进行校准，包括横摇、纵摇、艏摇以及声速改正，保证测量精度。

（5）水上作业注意人员及设备安全。

4. 联系单位及联系人

国网新源集团科信部。

2.23　基于渗透结晶原理的新型混凝土裂缝修复与防护材料

1. 技术原理与特点

混凝土是水利水电工程建筑物最主要的建筑材料,混凝土的质量一定程度上决定了建筑物的使用寿命。 相比普通混凝土建筑物,水工混凝土建筑物的服役环境、服役工况使得混凝土更容易产生各种劣化问题,严重威胁工程质量、安全耐久和健康服役。

基于渗透结晶原理的新型混凝土裂缝修复与防护材料,具有自我修复的能力,如果混凝土产生裂缝,遇到水又可以二次、三次产生结晶,封堵裂缝,因其有效成分已深入渗到混凝土内部,故其防水作用可与结构使用年限一致,且材料具有高耐磨、强附着、高硬度、高耐候等特点,相比传统材料,可大幅提升防护周期,节约大量的人力、物力成本,减少资源浪费,同时有效提升水工结构的管理、养护水平;材料的施工方面,基于渗透结晶原理的新型混凝土裂缝修复与防护材料施工简便,施工时间短,对基面要求低,不会起鼓、分层、开裂,相对于其他材料既不影响工期还可以因避免做找平层和保护层等减少工序而使工期提前;材料的实际使用方面,材料本身不存在老化、失效问题,因此服役时间长、耐久性好,而且当防护基体由于服役工况、环境发生变化、再次出现局部缺陷时,只需对相应的缺陷区域或点进行局部处理,而非全部清除处理,可以大幅减少使用维护等方面的费用。

基于渗透结晶原理的新型混凝土裂缝修复与防护材料通过涂刷于混凝土基层表面,与水作用后,材料中含有的活性化学物质通过载体向混凝土内部渗透,在混凝土中形成不溶于水的结晶体,填塞毛细孔道,从而使混凝土致密、防水,所形成的结晶体不会老化,活性物质再遇水时仍能够被激活,反应产生新的晶体,使混凝土裂缝能自我修复;同时,水泥基渗透结晶防水材料因其材料自身的特性,可以与基层混凝土之间形成良好的黏结强度,且作用在混凝土基面的防水涂层也具有很好的防裂抗渗作用,使得材料可以达到双层防水的功效。

主要性能指标见表 2.2。

表 2.2　　　　　基于渗透结晶原理的新型混凝土裂缝修复与
防护材料性能指标

试　验　项　目		性能指标
含水率/%	≤	1.5
细度,0.63mm 筛余/%	≤	5
氯离子含量/%	≤	0.10

续表

试　验　项　目		性能指标
施工性	加水搅拌后	刮涂无障碍
	20min	刮涂无障碍
抗折强度/MPa，28d　　　≥		2.8
抗压强度/MPa，28d　　　≥		15.0
湿基面黏结强度/MPa，28d　≥		1.0

2. 适用条件或应用范围

适用于水库大坝、厂房、渠道、渡槽、闸门、隧道、桥梁、污水处理厂、自来水厂、高速公路、地铁、地下室、仓库、机场跑道、油池、运动场、混凝土路面以及民用厨房、卫生间、蓄水池等各种混凝土的缺陷修复与防护。

3. 应用注意事项

（1）材料施工前应进行混凝土基层的清洗、打磨和缺陷处理。

（2）材料拌制时应严格按照使用规定进行配料，一次配好，每次拌料不宜过多，拌制好的浆料应在规定的时间内用完。

（3）施工结束后，应对混凝土表面处理部位及时采取养护及保护措施。

4. 联系单位及联系人

长江水利委员会长江科学院：李明霞。

2.24　水库大坝裂缝及渗漏水下处理技术

1. 技术原理与特点

水库大坝长期处于水下的部分，工作环境恶劣，一旦产生裂缝将修补困难，且造成大坝渗漏等危害，缩短大坝的使用寿命，对大坝安全运行构成威胁。随着潜水作业技术的发展和水下裂缝处理材料的出现，水下施工技术已较为成熟，大坝裂缝水下作业的好处是可以直接找到渗漏点，并根据设计情况采取合适的处理措施，直接止住渗漏处。

该技术涉及的大坝裂缝及渗漏水下处理技术主要包含：水下检查与检测技术、水下裂缝及渗漏处理技术、面板破损水下修复技术。相关规范有 DL/T 5251—2010《水工混凝土建筑物缺陷检测和评估技术规程》等。

（1）水下检查与检测技术：采用管供式空气潜水进行近观目视和水下摄像检查。潜水员按照预先制定的行动路线下水，并配备管供式空气潜水装具、水下照明设备、水下摄像机、潜水电话和水下测量工具。水下摄像机和水下电话通过电缆与水面监视器连接，这些先进设备保证把检查过程的每一画面连续传送到水面监控器，供水面工程监督和业主方人员观看，业主方和工程监督可以通过监控系统直接和潜水员对话，直观地监督和指导水下检查作业，保证检查作业水上水下的统一性，见图2.13。

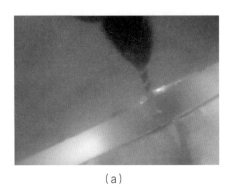
（a）

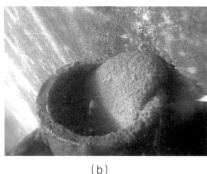
（b）

图2.13　水下检查示意图

（2）水下裂缝及渗漏处理技术：在待修补裂缝表面增加1道柔性止水结构，进行修复。裂缝处理工作内容包括前期准备、基面清理、嵌填止水材料、黏贴盖片、封边、录像验收。

1）基面清理：潜水员在水下使用高压水枪、钢丝刷等工具清理裂缝表面及两侧各30cm范围内的杂物，包括混凝土、水生物、泥沙等。保证处理后基面无残留杂物。

2）嵌填止水材料：清理完成后，潜水员将柔性止水材料嵌填到裂缝中，并使嵌填材料与原混凝土面齐平。

3）黏贴盖片：止水材料填充完成后，在裂缝两侧各25cm涂刷水下黏结剂，涂刷时力道均匀，饱满，不漏刷，盖片宽度为30cm，搭接长度应不小于10cm，保证搭接处严密无缝隙。在盖片搭接缝隙处涂刷封边胶，确保密封性。

4）封边：防渗盖片粘接好后，盖片四周均采用黏结剂进行封边。注意防渗盖片搭接处及盖片周边的水密性，确保整体防渗止水性能良好。

5）录像验收：修补工作结束后，潜水员对修补处理的情况进行复查，确保修补部位不渗漏。

（3）面板破损水下修复技术。有两处混凝土面板缺陷位于高程810m以下，需要对面板破损部位进行水下浇筑修复，总面积0.405m²。由于是薄层混凝土浇筑，需要浇筑水下不分散环氧砂浆，并架立模板。

2. 适用条件或应用范围

对于水库大坝等水下结构物来讲，该技术不需特意为裂缝处理而放空水库，适用于电网负荷紧张、无法创造水库放空条件的情况下，对水库大坝和库岸进行渗水检查和缺陷处理。

3. 应用注意事项

（1）为保证施工质量，处理过程中有条件进行水库放空的，建议放空处理。若不具备放空条件或放空所带来的效益损失过大的，可采用水下处理技术。

（2）水下处理还应选择合适的控制水位，保证"调度—运行—现场施工"间良好的沟通，这样既能满足调度的正常运行需求，又能极大地降低潜水人员的作业风险且提高潜水人员的作业效率。

（3）受水库水位变幅频繁、受力条件经常变化、薄弱部位情况不明及仅局部处理等因素的影响，渗漏处理效果评估宜采用修补前后同条件水库保压渗漏量监测试验。

4. 联系单位及联系人

国网新源集团科信部。

2.25 ZN‐15/T6300‐80 型发电机出口真空断路器

1. 技术原理与特点

该产品依托国家电网公司科技项目"15kV/6300A/80kA 真空断路器及真空灭弧室关键技术研究及应用"，对大容量真空开断技术进行了深入研究，研制出了适用于发电机出口侧的真空断路器。目前，该参数的发电机出口断路器大部分采用国外进口的 SF_6 断路器，价格高、维护费用昂贵，而且不利于环保。

该产品采用单极真空灭弧室作为核心开断元件，大功率、短行程弹簧操动机构作为驱动元件，基于纵向磁场对真空电弧的强约束原理，通过结构设计，优化触头间的磁场分布，提升磁场强度并降低灭弧室电阻，实现大电流开断和额定通流能力的最佳平衡。该产品严格按照 GB/T 14824—2021《高压交流发电机断路器标准》进行合成试验，验证产品最大开断能力，在国内尚属首次。

主要性能指标

（1）额定电压：15kV。

（2）额定电流：6300A。

（3）额定短路：开断电流 80kA。

（4）机械寿命：10000 次。

（5）短路电流电寿命：5 次。

（6）负荷电流电寿命：50 次。

2. 适用条件或应用范围

该产品适用于安装在单机容量 150MW 及以下的发电机机组出口，特别适用于中小型水电、中小型抽水蓄能电站，下一步计划在同类电站推广应用。

3. 应用注意事项

根据产品特性制定真空断路器的运行规程和检修规程。

4. 联系单位及联系人

国网新源集团科信部。

2.26 基于声学多普勒流速观测技术的断面流量实时测报系统

2.26.1 成果主要内容

1. 技术原理与特点

该项目在水库上游断面（如图 2.14 所示），采用声学多普勒流速观测系统长期观测，建立 ADCP 测得的流速（指标流速）与入库断面平均流速的相关关系模型，可准确获知河流或水库来水量和水位情况，捕捉其洪水涨落全过程的水位和流量，有效解决了常规水电站水库入库流量计算准确性的问题，有助于合理制定洪水调度措施，精确控制出库流量，提升河流或水库科学调度洪水能力，有利于提高发电防洪的综合效率，保障度汛安全。

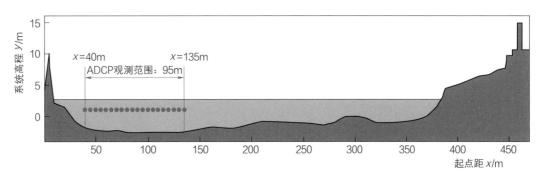

图 2.14　断面流量实时测报系统示意图

（1）河道水位变动大，流速流量关系复杂，低水位和高中水位的流速流量有一定关系。以用历史资料和大量实测资料为基础，研究兰溪断面各典型水位下，流速在整个断面上的分布特征，并以此为基础研究指标流速与断面平均流速的相关关系模型。

（2）采用自适应分段算法，根据水位自动选择合适算法，提高了流量监测算法的使用性。声学多普勒流速观测受到现场环境会产生杂波干扰，影响观测精度。

（3）针对河道漂浮物、船舶过航等典型场景，通过实时多普勒声强参数分析，以正常回波声强衰减结构为参考，智能判断杂波干扰，分析障碍物的位置及影响范围，采用自相关方法修正影响区流速，提高了流量监测的准确性。

（4）采用软件硬件技术相结合，同时获取流速、水位数据，实现断面流量的高频次实时自动观测、计算、上报，获取流量的时效性增强，实现了5min间隔的流量观测上报。

主要性能指标：

（1）流速、水位、流量观测上报间隔时间：5min。

（2）流量测报平均误差：优于3%。

（3）系统运行可靠率：优于99%。

2. 适用条件或应用范围

（1）适用于河流和水库高频次的水位、流速实时观测。

（2）适合于河流和水库流量的实时在线监测。

3. 应用注意事项

（1）使用前应注重现场的比对观测和流量率定，基于实测数据建立流速-量换算关系。

（2）制定测报系统的监测规程和维护规程，定期对观测设备清理维护，条件允许时，进行对比观测。

4. 联系单位及联系方式

国网新源集团科信部。

2.27 交流窜入直流及直流接地防误动技术

1. 技术原理与特点

近年来，交流窜入直流系统、直流系统接地引起开关"非停"的事件时有发生。2020年4月，华中电网某变电站因交流窜入直流系统引起500kV主变高压侧开关跳闸。目前，针对交流窜入直流问题所采取的措施，一种是加强现场施工管理以尽量避免交流窜入直流系统和直流接地情况发生的防御性措施；另一种是将继电器或光耦更换为大功率继电器。然而，防御性措施做得再好，也无法完全避免交流窜入直流和直流接地的发生；更换大功率继电器则需对二次回路进行较大改动，还增加了动作延时，且大功率继电器究竟能在多大程度上防止交流窜入直流和直流接地时的误动，是否确实能在各种工况下防止误动，可见的研究资料并不多。

交流窜入直流系统导致开关误动，究其原因（以TJR为例，其他继电器、光耦类同），是由于交流电流通过直流母线、TJR继电器线圈、TJR继电器输入回路所接长电缆回路分布电容C1形成通路，只要TJR继电器输入回路所接电缆足够长、分布电容C1容量达到一定的数值，交流电流在TJR上的分压超过其动作电压即会动作跳闸，如

图 2.15 所示。

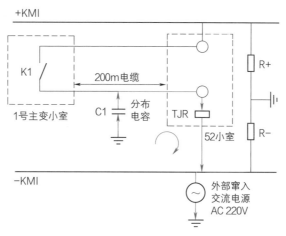

图 2.15　交流窜入直流系统导致 TJR 继电器误动示意图

本技术在 TJR 线圈两端增加适当的阻容元件构成的防误动模块,如图 2.16 所示中的 C4,使交流电流被防开路模块旁路,因防开路模块 C4 的交流阻抗远低于长电缆分布电容 C1 的交流阻抗,使交流窜入直流系统时交流电压主要施加在 C1 上,TJR 线圈上交流分压较低,使 TJR 继电器无法动作。 在 K1 动作需正常跳闸时,因 + KM 与 - KM 之间的直流电源功率足够大,TJR 线圈上并接的防开路模块的阻容元件充电时间极短,因此不会影响 TJR 的直流动作特性。

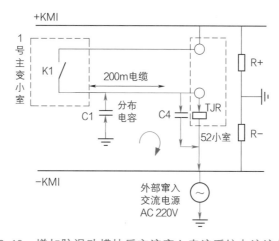

图 2.16　增加防误动模块后交流窜入直流系统电流流向图

本技术在交流窜入直流系统时存在一个特例,即交流窜入发生在 TJR 输入端(如图 2.17 所示)时,因直流系统负极母线对地分布电容极大,即使加装了防误动模块,其电容值要比母线对地电容小得多,TJR 上的分压足够动作跳闸。 若想在这种情况下不误动,需将防误动模块中的电容 C3 增加到足够大,直到不误动,但过大的电容将严重影响 TJR 的直流动作特性,因此这一措施不可取。 综上所述,在 TJR 继电器线圈输入端发生

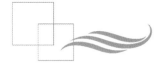
交流窜入，则不可避免地要误动。

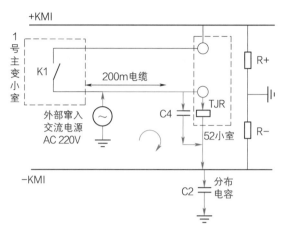

图 2.17　交流窜入 TJR 继电器输入端误动示意图

直流系统接地导致的误动也分两种情况（仍以 TJR 为例，其他继电器、光耦类同）：一种是 TJR 继电器正端接地；另一种是直流系统其他地方如直流母线正、负极接地。TJR 继电器正端接地如图 2.18 所示。

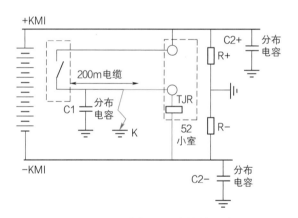

图 2.18　TJR 继电器正端接地示意图

在接地发生前，直流电源系统处于平衡状态，直流正、负极对地电容 C2＋（＋110V）、C2－（－110V）均为充满电状态，在接地发生后，平衡被打破，负极母线对地绝缘下降，其分布电容 C2－将放电，而正极母线分布电容 C2＋将充电，若平衡状态不改变，C2＋、C2－上的最终电压将为＋220V 和 0V（假设 K 点为金属性接地）。相当于在接地的 K 点增加了一个附加电源，C2＋的充电回路如图 2.19 所示。

C2－放电回路如图 2.20 所示。

分析可见，C2＋充电电流、C2－放电电流在 TJR 线圈上的走向相同，两者叠加后的电流若达到动作值，且在线圈上产生的电压达到动作值，则 TJR 必动。为防止 TJR 误动，应设法减小 TJR 线圈上流过的电流，在 TJR 线圈上并联电容量较大、电阻阻值较小

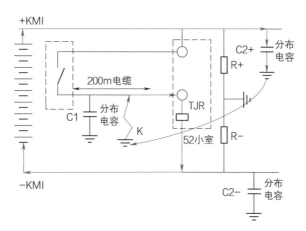

图 2.19　C2＋充电电流走向图

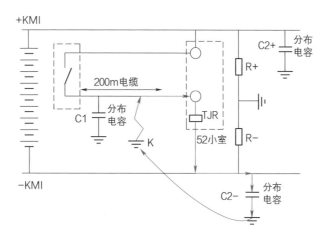

图 2.20　C2－放电电流走向图

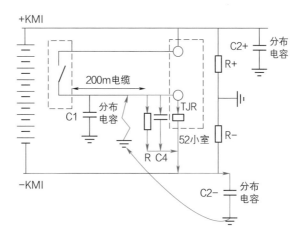

图 2.21　增加防误动模块后 TJR 上电流流向图

的防误动模块（如图 2.21 所示）后，大部分充放电电流将被旁路，且 TJR 线圈上获得的电压较低，从而可防止 TJR 误动。

从以上分析可知，TJR 正端接地时，暂态过程仅与直流系统正、负极对地分布电容有

关，与 TJR 上电缆分布电容大小无关。

直流接地若不是发生在 TJR 正极，而是发生在直流母线正极，C2＋电容相当于被短路，其储存的电量被瞬间释放，C2－电容也被瞬间充满，但长电缆上的分布电容 C1 上的电压需由接地前的－110V 充到－220V，其充电电流流向如图 2.22 所示。

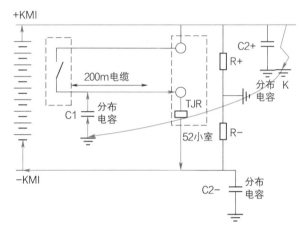

图 2.22　直流母线正级接地时分布电容充电电流流向图

若直流接地发生在直流母线负极，C2－电容相当于被短路，其储存的电量被瞬间释放，C2＋电容也被瞬间充满，但长电缆上的分布电容 C1 上的电压需由接地前的－110V 放电到 0V，其放电电流流向如图 2.23 所示。

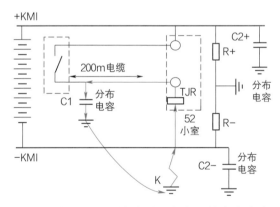

图 2.23　直流母线负级接地时分布电容放电电流流向图

这里需注意两个方面：

（1）图 2.23 中流过 TJR 线圈上的电流方向与 TJR 正常动作时相反，若 TJR 线圈上并联有续流二极管且其所串联的电阻较小或未串联电阻时，可能因其旁路作用导致 TJR 不会动作。

（2）暂态过程中 TJR 能否动作，还与暂态过程发生前直流系统正、负极母线绝缘对称情况有关。因按规程规定 TJR 继电器动作电压应大于 55％额定电压，在直流系统绝缘正常情况下，暂态过程发生时暂态电源电压为 50％额定电压，无法使 TJR 动作。但暂态过程

发生前若直流系统绝缘异常、暂态电源电压超过 55% 额度电压，误动就有可能发生。

以上分析可知，在直流系统正极或负极发生接地时，TJR 上流过的电流与正、负极分布电容无关，仅与 TJR 所接电缆分布电容大小有关。同理，可在 TJR 线圈上并联防误动模块，使直流接地发生时 TJR 所接电缆分布电容的暂态电流被防误动模块旁路，可防止 TJR 误动。

防误动模块主要性能指标：

（1）动作功率：>5W。

（2）可承受交流电压：1000V。

（3）可承受直流电压：1000V。

（4）环境温度：−50～70℃。

（5）环境湿度：10%～90%。

2. 适用条件或应用范围

（1）适用于大型变电站、发电厂、换流站内存在经长电缆启动保护开入的各类保护装置等。

（2）适用于大型变电站、发电厂、换流站内存在经长电缆直接跳闸的各类保护装置、操作箱等。

3. 应用注意事项

（1）安装时应注意接线的正确性，接线错误有可能影响原光耦、继电器的动作特性。

（2）应停电或退出保护进行安装，安装完成后应进行传动试验，确保原光耦、继电器动作行为正确，方可投入运行。

4. 联系单位及联系方式

国网江西超高压公司：彭淑明。

2.28　变电站直流电源防蓄电池开路失电技术

1. 技术原理与特点

为解决因个别蓄电池内部开路、极柱断裂、接线柱腐蚀开路或连接铜排腐蚀断路导致整组蓄电池无法供电的问题，国网江西省电力有限公司超高压分公司科研团队研发了蓄电池防开路模块和蓄电池开路自动补偿装置。

（1）蓄电池防开路模块。蓄电池防开路模块由参数合适的反向偏置二极管和蓄电池工作状态检测及报警模块组成，其外形如图 2.24 所示，接线图如图 2.25 所示。

防开路模块的原理是利用二极管反向偏置截止、正向偏置导通的特性，在蓄电池正常时，所添加的旁路二极管处于反向偏置状态，不流过电流；当某节蓄电池开路后（以

图 2.24　蓄电池防开路模块外形图

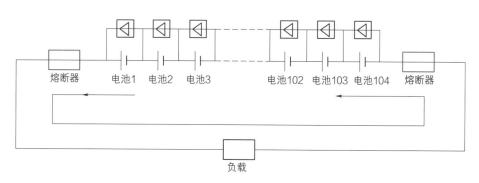

图 2.25　蓄电池防开路模块接线简图

第 2 节为例），蓄电池组被分成两部分，等同于两个电源串联后通过全站负载施加于开路的蓄电池两端，即旁路二极管两端，如图 2.26 中二极管两端 U_k，且 U_k 电压极性与蓄电池电压方向相反，二极管处于正向偏置，二极管导通，电流全部由故障蓄电池的旁路二极管流过，持续为母线提供电能。重新形成供电通路后，二极管导通电压为 0.6～1.8V，蓄电池组电压减去二极管导通电压后全部施加到了负载上，负载上的电压变化不大，对负载的影响可以忽略。

蓄电池防开路模块还可实时监测所保护的蓄电池的工作状态，在出现蓄电池开路时，模块将通过报警接点发出报警。

为降低用户成本，还通过调整元件参数，研发出了可保护 4 节电池的防开路模块，以满足不同用户的需求。

蓄电池防开路模块主要性能指标：

1）输入、输出与底板（地）电气绝缘：2500V。

2）额定工作电流：40A。

3）最大冲击电流：300A。

4）可耐受最高反向电压：1600V。

5）正向导通电压：0.8～1.4V。

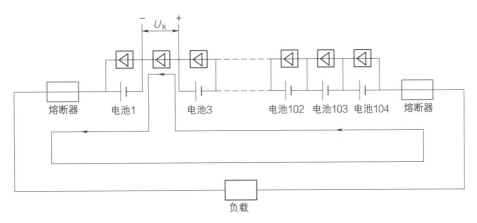

图 2.26　第 2 节蓄电池开路后形成的供电通路

6）蓄电池开路自动补偿装置。

（2）蓄电池开路自动补偿装置。 蓄电池开路自动补偿装置由三组直流转直流的直流升压模块组成，每组模块可将 60~90V 的输入电压升压到 220V 从而为直流负载供电。装置外形图如图 2.27 所示，安装接线则如图 2.28 所示。

图 2.27　蓄电池开路自动补偿装置外形图

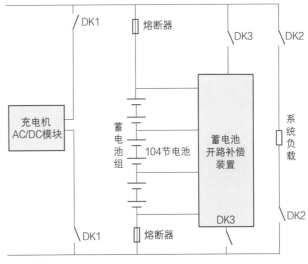

图 2.28　蓄电池开路自动补偿装置接线图

蓄电池开路自动补偿装置的原理是将由 104 节蓄电池串联而成的蓄电池组分成三组，依次为 1~35 节、36~70 节、71~104 节，然后将这三组电池组的端电压接入蓄电池开路自动补偿装置的三组 DC/DC 模块，而这三组模块的 220V 输出电压并在一起接入直流母线为负载供电。 在此工况下，任何一节电池出现开路，都只影响一组 DC/DC 模块的输出，不影响所有负载的供电。

蓄电池开路自动补偿装置主要性能指标：

1）输入电压：60~90V。

2）输出电压：220V±5%。

3）输出电流：40A。

2. 适用条件或应用范围

适用于多节蓄电池串联组成的蓄电池组作为供电电源的电源系统。

3. 应用注意事项

（1）蓄电池防开路模块安装接线时应注意：若将防开路模块正、负极端子直接连到所保护蓄电池本身的正、负极（如图2.29所示），在蓄电池运行年限较长电池内酸液逸出腐蚀接线柱导致接线柱断裂时（如图2.30所示），可能使防开路模块失效，仍将导致蓄电池组失去供电能力。

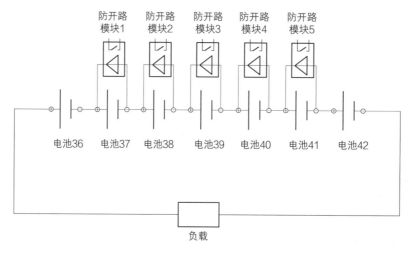

图2.29　防开路模块采用普通接线方式

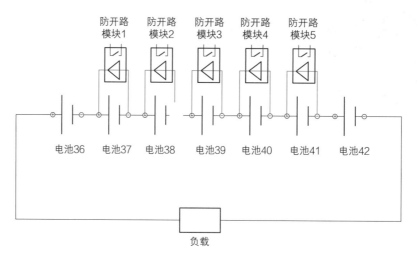

图2.30　普通接线方式下出现极柱断裂，直流母线将失电

为避免类似事件发生，应将防开路模块正极接至上一节电池的负极，而将防开路模块的负极连到下一节电池的正极（如图2.31所示），则在蓄电池接线柱腐蚀断裂时（如

图 2.32 所示),防开路模块仍可有效保证直流母线不失电,确保直流负载的安全运行。

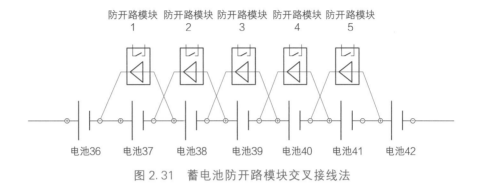

图 2.31 蓄电池防开路模块交叉接线法

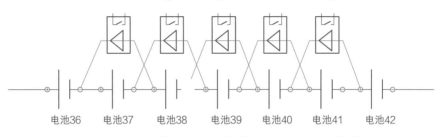

图 2.32 交叉接线法出现极柱断裂后不会导致母线失电

4. 联系单位及联系方式

国网江西省电力有限公司超高压分公司:彭淑明。

2.29 分布式光纤温度应变监测系统

1. 技术原理与特点

分布式光纤温度及应变监测系统已在海缆监测行业大规模应用,但目前在结构健康监测方面尚未大规模推广。 抽蓄电站坝体结构健康目前仍以点式传感器为主要监测方法。 分布式光纤温度及应变监测突破了点式传感技术在监测盲区、布线复杂、寿命短等方面的劣势,已逐步受到桥梁、隧道等大型结构健康监测领域的关注和研究。 国内外科研机构,正在探索该技术在坝体、隧洞等结构中的工程应用,但成熟的工程案例极少,属于新技术在新行业的应用。

激光脉冲在光纤中传输时,由于激光和光纤分子的相互物理作用,会产生三种散射光:瑞利散射、拉曼散射和布里渊散射。 分布式光纤温度及应变监测系统基于受激布里渊散射效应,系统产生的相向传输的泵浦光和探测光在传感光纤中相互作用,当两者的频差处于布里渊增益的范围,形成对后向布里渊散射信号的放大。 连续改变探测光的扫

描频率，计算光纤不同位置的布里渊频移，从而获得整根光纤温度和应变信息，配合长距离的光纤测温系统，可实现温度和应变的解耦，可构建大规模的传感网络，实现大范围连续场全生命周期的实时监测。 分布式光纤温度及应变监测系统中整条光缆既是信号传输的媒介，也是感测外部信号的传感器，现场传感部分自身不带电，也无需供电，且光纤本身具备抗电磁干扰等特性，适用于现场恶劣的使用环境。 基于分布式光纤传感技术，在整条光缆范围内具备无监测盲区、灵敏度高、定位准确、响应速度快等特点。

主要性能指标：

（1）最大监测距离：100km（环路200km）。

（2）通道测量时间：30～120s。

（3）通道数：1、2、4、8。

（4）空间分辨率：1.5～3m。

（5）采样精度：0.5m。

（6）测量精度：±1℃/±20με。

（7）光纤类型：单模光纤。

（8）供电：220V@50Hz。

（9）集成接口：双10/100M LAN、RS232/RS485。

2. 适用条件或应用范围

（1）该技术适用于严寒地区的水电厂溢洪道弧门、水库弧形闸门、平板闸门以及水工建筑物的温度监测。

（2）该技术适用于水电厂的高混凝土拱坝、高混凝土面板坝、长引水系统、地下洞室、高陡边坡结构的应力应变、裂缝和变形监测。

3. 应用注意事项

（1）应设置光纤保护措施，避免出现损坏或断点，影响监测效果。

（2）当系统出现异常时，应根据异常情况制定响应机制和应急措施，处置过程应详细记录。

（3）制定光纤传感装置的运行规程和检修规程，定期进行检查与维护，并做好记录。

4. 联系单位及联系方式

苏州光格科技股份有限公司：朱晓非。

2.30　高压电缆分布式暂态录波及故障定位系统

1. 技术原理与特点

现有的电缆故障排查手段有离线检测、故障录波和行波测距。 离线测量定位技术，

需要停电后拆解电缆接头，对接地箱进行护层短接，针对不同的故障类型需要不同的仪器设备，操作烦琐，费时费力，故障排查时间长，效率较低；故障录波无法测距；行波测距定位精度低，很多情况下无法准确定位。故障定位技术在高压电缆监测行业已有应用，目前以便携式故障定位仪、故障录波等为主要监测手段。高压电缆分布式故障定位系统是高压电缆故障定位新技术，且在抽蓄行业电缆监测也未有先例，是新技术在新行业的应用。

（1）高频信号采集。柔性罗氏线圈作为采集电流传感器，频率测量范围从几赫兹到十几兆赫兹，电流测量范围从几安培到几兆安培。其具有极佳的瞬态跟踪能力，可以用于测量尺寸很大或形状不规则的导体电流。根据行波信号及工频信号的特征，可以选取不同参数的传感器。

（2）同步采集技术。高压电缆分布式故障定位系统实现双端匹配定位能够精确实现的一个技术前提就是，双端时间的精准同步。故障定位装置使用基于 PTP 对时同步授时技术实现双端对时。

一般来讲，抽蓄电站高压电缆一端位于隧道内部，此时可以通过光纤同步对时技术，两两实现双端对时，实现精确授时同步，克服抽蓄电站电缆监测场景中 GPS 无法使用的困难。

（3）故障定位。故障定位分为区间定位和精确定位，前者根据相邻监测点的波形极性来二分判别，相对比较容易识别是在高压电缆监测区间内还是区间外发生故障；后者采用双端行波定位，通过高精度光纤校时提高时间戳同步精度，同时通过技术手段避免噪声、反射峰叠加、高频衰减、波速误差等干扰因素对行波波头辨别精度的影响，以此达到对故障点的高精度定位。

主要性能指标：

（1）电缆故障监测终端：

1）行波测量范围：1～2000A。

2）行波记录时长：≥200ms。

3）采样频率：100M/s。

4）工频测量范围：10～5000A。

5）工频记录时长：≥500ms。

6）同步授时精度：GPS 授时，≤20ns；光纤授时，≤8ns。

7）定位精度：0.2%×L±5m；（L 为电缆长度）。

（2）故障传感器：

1）行波测量量程：1～2000A。

2）行波测量精度：＜3%。

3）行波测量带宽：1kHz～10MHz。

4）工频测量量程：10～5000A。

5）工频测量精度：＜3%。

6）工频测量带宽：20Hz～1kHz。

2. 适用条件或应用范围

适用于抽水蓄能电站地下厂房至地面开关站的高压电缆实时在线监测，在高压电缆发生故障时，精准定位故障位置并及时报警。

3. 应用注意事项

（1）现场安装时需注意安全操作。

（2）故障定位传感器和被监测电缆为同心圆安装，保证监测精度。

4. 联系单位及联系方式

苏州光格科技股份有限公司：韩叶祥。

2.31 十三陵电厂可逆式水轮发电机组镜板形貌视觉测量技术研究与应用

1. 技术原理与特点

可逆式水轮发电机是电厂的关键设备，而镜板是可逆式水轮发电机的关键零部件之一，如何能够准确检测和控制镜板平面度等重要指标十分重要。目前对超大尺寸高精度环形平面测量，由于平面度误差涉及采样仪器本身的精度，以及采用不同的采样布点方式，数据评定方法误差问题，使得大尺寸高精度环形平面度成为测量领域里的一个难题。镜板重要技术参数平面度的优劣将影响到水轮发电机组大轴摆动的平稳性、推力瓦的寿命及油膜的稳定形成和推力瓦的温升，对整个机组的顺利运行起到至关重要的作用。

通过在可逆式水轮发电机镜板的表面及其周围放置标志点，包括编码点和非编码点，然后从不同的角度和位置对可逆式水轮发电机组镜板进行拍摄，得到一定数量的照片，经过数字图像处理、标志点的定位、编码点的识别，可以得到编码点的编码以及标志点中心的图像坐标。利用这些结果，经过相对定向、绝对定向、三维重建、平差计算，最后加入标尺约束及温度补偿，可以得到可逆式水轮发电机组镜板准确的三维坐标。

便携式可逆式水轮发电机组镜板形貌视觉测量系统由测量相机、长度基准尺、回光摄影标志、系统软件组成（如图 2.33、图 2.34 所示）。

图 2.33　便携式可逆式水轮发电机组镜板形貌视觉测量系统

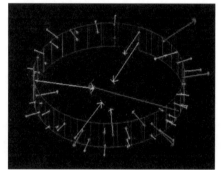

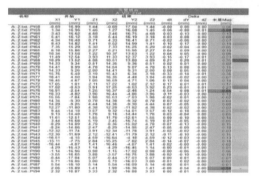

图 2.34　便携式可逆式水轮发电机组镜板形貌视觉测量系统应用

主要性能指标：

参照 GB/T 34890—2017《产品几何技术规范（GPS）数字摄影三坐标测量系统的验收检测和复检检测》的校准方法，在航空工业计量所大尺寸实验室对单相机静态测量系统的计量学性能进行测试，通过单相机静态测量系统的测量值与双频激光干涉仪的标准值进行比较获得结果，见表 2.3。

2. 适用条件或应用范围

（1）适合于可逆式水轮发电机组镜板的外形尺寸精确测量，超大尺寸高精度环形平面测量及各种大型工件的外形尺寸测量。

表 2. 3 　　　　　　　　　　　　　标 准 值 比 较 结 果

序号	示值/mm	示值误差/mm	标准误差/mm
1	4010. 086	− 0. 015	
2	4010. 091	− 0. 020	
3	4010. 085	− 0. 014	0. 003
4	4010. 090	− 0. 019	
5	4010. 910	− 0. 020	
6	4010. 088	− 0. 017	

（2）适用于大型设备安装调试，可提前测试拟合情况。

3. 应用注意事项

使用期间需确保测试设备完好，正确使用标志点，按说明书操作流程使用。

4. 联系单位及联系方式

国网新源集团科信部。

2.32　电力变压器声学监测智能诊断技术

1. 技术原理与特点

电力变压器作为电力系统中重要的电压转换设备，发生事故将直接影响电能的输送及分配（图 2.35）。传统的监测分析手段虽然很多，但缺少对变压器运行声音进行大数据分析，监测手段没有全覆盖，变压器声学监测诊断技术的兴起，以其特有的方式方法备受关注。本项目主要成果及创新如下：

（1）提出了基于变压器正常运行声音动态计算的异常状态在线预测方法。探究考虑变压器额定功率、短路阻抗、绕组、变压器尺寸等参数与变压器正常运行声音间内在机理，形成变压器正常运行声强的计算理论；明确变压器正常运行声音的在动态变化规律，首次提出变压器正常运行声强的动态估计方法，建立变压器异常预警的动态阈值，突破运行状态与声音动态耦合机理不清的难题，实现在线的异常状态预测。

（2）建立了多物理场耦合的干式变压器声学有限元高精度模型。首次针对干式变压器运用有限元仿真软件 COMSOL Multiphysics 建立电-磁-结构-声耦合的高精度模型（图 2.36），实际上建立了所研究干式变压器的数字孪生模型，为变压器声学故障诊断实验提供平台，解决了变压器故障实验开展难，工况、变压器种类覆盖不全，成本高，效果差的难题。

（3）提出了变压器声学诊断动态数据库的形成方法。首次提出以高精度数值模拟声学数据＋变压器运行实际噪声＋实测变压器运行噪声的变压器声学诊断数据的构建方

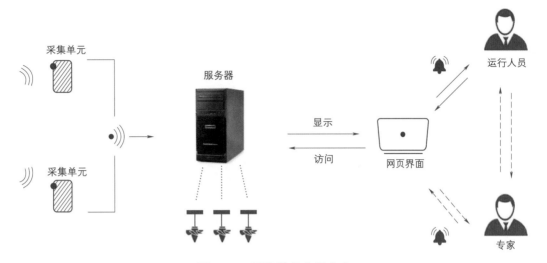

图 2.35　系统整体应用方案

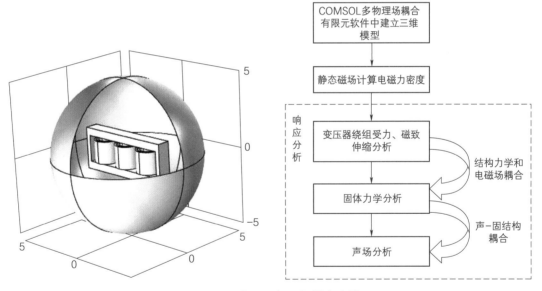

图 2.36　磁-固-声三场耦合建模

法（图 2.37），突破了变压器声学诊断有效数据获取难、数据少、工况不全、型号不匹配等一系列技术难题。

（4）研发了电力变压器声学智能监测诊断装置。利用动态诊断数据提取故障声学特征，首次提出基于决策树 ID3 的智能声学诊断方法（图 2.38），针对响水涧电站电力变压器研发声学监测诊断装置并进行示范应用。

2. 适用条件或应用范围

（1）电力变压器声学监测智能诊断技术，不仅适用于抽水蓄能电站，同样适用于常规水电等各型发电厂及变电站。

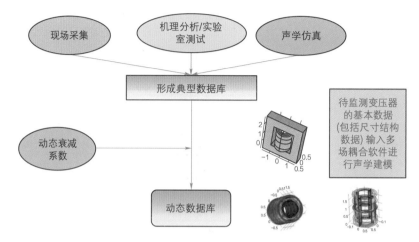

图 2.37　故障声学数据库架构

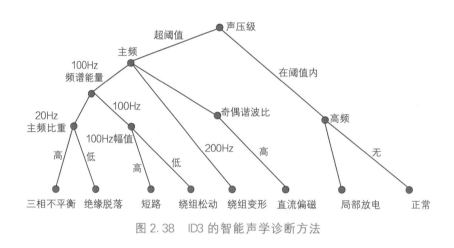

图 2.38　ID3 的智能声学诊断方法

（2）电力变压器声学监测智能诊断技术，也可应用于发电机、水轮机、电动机等设备的非接触式的故障声学诊断。

3. 应用注意事项

需要注意在设备较多的场所中背景噪声的区分、现场信号采集装置位置的安装、故障样本库的更新等。

4. 联系单位及联系方式

国网新源集团科信部。

2.33　发电机出口断路器(SF$_6$型)在线监测系统应用

1. 技术原理与特点

发电机出口断路器（GCB）安装于发电机定子绕组出口，用于发电机空载后的同期并网、切断正常负荷电流及事故时与系统解列。由于发电机出口断路器长期工作在高电

压和大电流下，SF_6 气体压力、微水、温度异常、密度继电器异常、极柱温升异常等缺陷若不及时发现，会使设备损坏甚至爆炸，造成电站非计划停运。近期，行业内接连发生发电机出口断路器内部故障造成断路器爆炸的事件。国内近 20 年来大中型水电站陆续投运，部分设备虽经大修但设备运行年限已久，各方面性能或有所下降，因此研究断路器 SF_6 气体压力、微水、温度、密度、定子电流、环境温度以及灭弧室外壳温度在线监测系统，实时监测发电机断路器的运行状态，发现故障于初期并采取相应措施，保证设备的安全稳定运行非常必要。

本装置通过建成发电机出口断路器 SF_6 气体特征量（压力、温度、密度微水）在线监测系统，开发断路器温度、额定电流、环境状态及 SF_6 气体性能之间的数据模型及应用软件，实现各特征量的实时监测预警，自学习采集的实时数据、报警信息上传至监控系统，从而知晓断路器的健康状态，发现故障于萌芽期并采取相应措施，保证设备的安全稳定运行。

在线监测装置使用 GDHT－20 传感器、WGP－TR50 温度传感器、TGP220 定子电流测量装置和 PGM05 型压力开关作为信号采集源，输出（最多）26 个不同单位的密度值、温度值、压力值和微水值的 RS485 数字信号组成的数据包，配合 WGP－1021 型传感器信号智能终端，有效地进行信号采集和传输。可就地显示密度被测气室的 P20 值、温度值和微水值，并将整体数据包远传至后台系统。通过拟合断路器温度与电流之间的关系，再通过二次线性回归法方式得出其相应的趋势关系（线性关系），监测出差异性，同时判断设备的性能和运行状态，从而对异常的电流升高提前做出预判，并给出检修指导意见。开发基于 Linux 的数据处理平台，对 SF_6 的温度、密度、微水等关键数据进行分类、存储，并可以实现数据的查询、图形显示，以及自动制表、上报见图 2.39～图 2.42。

图 2.39　安装于 GCB 灭弧室外部
温度传感器

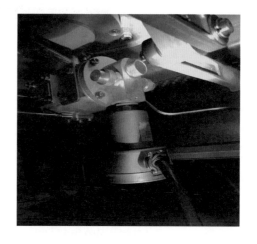

图 2.40　安装于 GCB 底部 SF_6 密度
继电器处阀座及 SF_6 传感器

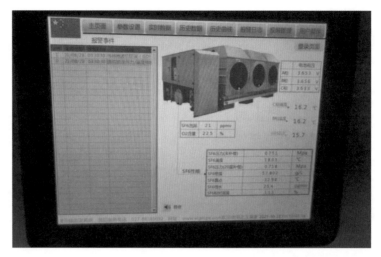

图 2.41　安装于 GCB 底部 SF$_6$ 泄漏及氧含量传感器工作状态

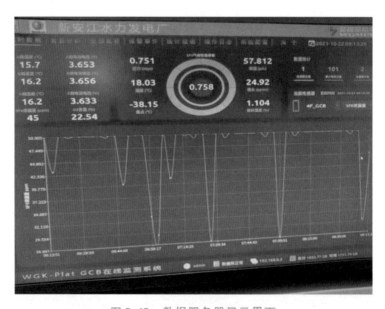

图 2.42　数据服务器显示界面

主要性能指标:

(1) SF$_6$ 压力测量值精度 ±0.06%;露点测量精度: ±2K。

(2) 灭弧室外壳温度测量范围: 0～150℃,精度 ±0.5℃。

(3) 定子电流测量范围: 互感器二次侧电流 0～5A,精度 0.2 级。

(4) 环境温度湿度监测范围: 温度 0～70℃,湿度 0～99%;温度精度,±0.5℃,湿度精度,±0.1%。

(5) 输出数据扫描时间: 小于 200ms。

(6) 自学习模型数据与实际数据拟合度: 不超过 1%。

(7) 事件发生预估判断时间: 不超过 5min。

（8）数据存储时间：不小于 15 年。

2. 适用条件或应用范围

可运用于国内大中型包括巨型机组的发电机出口断路器在线监测和状态检修（主要为 SF_6 灭弧方式），特别是频繁启停的抽水蓄能机组尤为重要。

3. 应用注意事项

（1）温度传感器为外置式，安装注意牢固，确保运行可靠性。

（2）SF_6 传感器安装在密度继电器处，需确保密封性。

（3）制定相应的运行规程和检修规程。

4. 联系单位及联系方式

国网新源集团科信部。

2.34 水轮发电机转轴寿命评估及监测技术

1. 技术原理与特点

针对水轮发电机转轴（旋转部件），从其结构应力和材料性能两方面进行研究分析，实现对转轴的安全状态监测与寿命评估。研制了一种小型化、模块化的无线应变监测系统，能够实时监测转轴测点的应变；同时采用理论计算和有限元数值模拟两种方式对转轴应力结果进行对比验证，形成一种以少数应变测点实现整根转轴应力状态监测的综合分析方法。

（1）应变片电测法 + 无线传输技术实现旋转部件局部位置的应力监测，理论计算用来验证测试结果的准确性，有限元数值模拟计算整根转轴的应力分布情况，应力监测 + 数值模拟实现对整根转轴的应力状态监测。

（2）转轴材料的理化及无损检测获取其基本理化性能，转轴材料的疲劳性能试验获得其疲劳性能。

（3）结合机组运行工况、转轴应力结果以及转轴材料性能，形成转轴的疲劳损伤模型，同时计算得出其疲劳寿命。

主要性能指标：

无线应变节点主要参数。

（1）量程范围：±15000 $\mu\varepsilon$。

（2）分辨率：±0.5 $\mu\varepsilon$ @ ±15000 $\mu\varepsilon$。

（3）同步精度：1ms。

（4）支持节点数：65535。

2. 适用条件或应用范围

（1）该技术适合于转动部件材料分析和动态载荷下受力响应分析。

（2）该技术适用于转动部分疲劳寿命计算。 结合机组运行工况、转轴应力结果以及转轴材料性能，形成转轴的疲劳损伤模型，计算得出其疲劳寿命。

3. 应用注意事项

（1）转轴应力监测和寿命评估应在不影响转轴运行安全前提下完成。

（2）转轴寿命评估需考虑各种极端工况。

（3）转轴疲劳寿命寿命评估采用理论计算、有限元数值模拟和现场应力测试 3 种方法，精确计算转轴应力状态。

4. 联系单位及联系方式

国网新源集团科信部。

2.35 抽水蓄能电站一体化"即插即用"自动化元件

1. 技术原理与特点

国家能源局在发布的《水电发展"十三五"规划》中指出，我国将进行水电科技、装备和生态技术研发，建设"互联网＋"智能水电厂。 因此自动化元器件的一体化、智能化、网络化，以及在抽水蓄能机组实现"即插即用"就显得十分迫切与必要，主要技术特点如下：

（1）研究光纤光栅的封装技术和解调技术，研制了一体化温度传感器（图 2.43）。光纤光栅传感器封装技术：研究传感器的材料、结构及封装工艺；研究传感器绝缘、阻燃、耐高温及力缓冲封装技术。 光纤某段经过紫外曝光产生周期性折射率变化形成光纤光栅，宽带光源经过光栅后将反射回一个特定波长的窄带光，窄带光波长受外界物理量变化发生变化，通过测量波长来感知外界物理量。

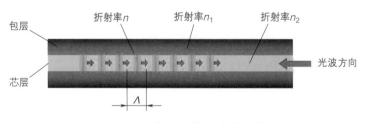

图 2.43　一体化温度传感器原理图

（2）研制了一体化压力传感器。 研究带温度补偿的高精度光纤光栅压力传感器，研究设计了传感器新的结构（图 2.44）：传感器由透水石 1、保护壳体 2、压力敏感部件 3、温度敏感部件 4、密封部件 5、光缆 6 构成。

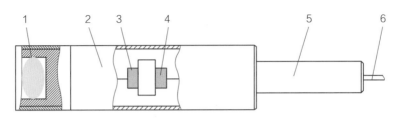

图 2.44　一体化压力传感器结构图

（3）研制了智能型电磁式振动传感器（图2.45）。电磁式振动传感器振子制造工艺，研究影响传感器灵敏度的因素，研究振子结构，研究振子封装方式、封装工艺等，确定振子制造工艺。低频频段扩展与线性校正技术。研究从低频段（0.5Hz）到中频段（150Hz）的振动位移测量灵敏度提高方法，研究非线性校正网络设计方法。

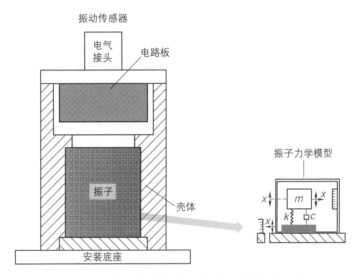

图 2.45　智能型电磁式振动传感器结构及原理图

（4）研制了电涡流摆度传感器技术（图2.46）。研究电涡流摆度传感器探头制造工艺，研究电涡流效应与探头线圈大小、形状、材料、封装方式、封装工艺等特性的相关性，确定探头制造工艺。研究传感器温度补偿技术，研究电涡流位移传感器受温度影响的相关因素，研究应对各影响因素的温度补偿方法。

（5）研制了多通道多功能传感器采集装置。多通道多功能传感器采集装置首次采用波峰质心算法及距离自校准技术（图2.47），同时采用多级自温补波长自校准技术，实现高精度高稳定性温度测量，测量过程中实时波长校准，提高测量精度；距离自校准技术能自动校准远距离传输过程中产生的误差，同时兼测传感器距离，提高工程适用性。

2.适用条件或应用范围

（1）一体化"即插即用"自动化元件，不仅适用于抽水蓄能电站，同样适用于常规

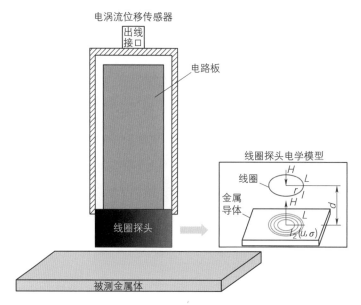

图 2.46　电涡流摆度传感器结构及原理图

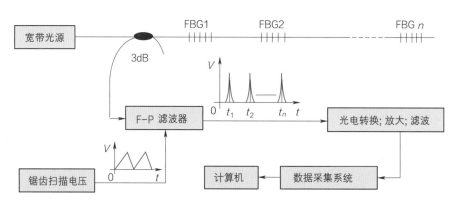

图 2.47　多功能传感器采集装置原理图

水电等其他电站。

（2）一体化温度传感器因其特殊结构还适用于高电压、强磁场及野外恶劣环境的温度监测。

3. 应用注意事项

（1）规范光纤传感技术的通信接口，并制定相应标准。

（2）制定光纤传感装置的运行规程和检修规程。

4. 联系单位及联系方式

国网新源集团公司科信部。

2.36　1000MPa级高强度整锻转子中心体

1. 技术原理与特点

长龙山抽水蓄能电站机组单机容量35万kW，额定转速600r/min，属于高水头、大容量、高转速的抽水蓄能机组。国内首次研制并应用1000MPa级高强度整锻转子中心体，已入选国家能源领域2022年度首台（套）重大技术装备项目。

整锻转子中心体材质27NiCrMoV 15 - 6，尺寸 ϕ3210mm/ϕ2020mm × 4030mm，重量115.2t。整锻转子中心体是该机组的最核心部件，也是机械受力最大的部件，单体锻件重量大，精加工形状复杂，在产品探伤等级以及材料断裂韧性等方面均有着极为严苛的要求，这些带来了极高的制造难度，代表着现今抽水蓄能电站的极限制造水平，见图2.48。

应用超纯净大型钢锭冶炼的渣系及吹氧控制技术及中间包防二次氧化技术，解决了超大尺寸整锻转子中心体成分均匀性和纯净度控制的技术难题。

提出锻造过程中晶粒控制和锻造均质性的新工艺方法，采用多次重结晶的热处理复合工艺，实现了高晶粒度、高强度及高韧性。

研制了卧式车床柔性可调式芯轴装置和燕尾槽测量装置及测量方法，解决了超大尺寸筒类零件高精度加工难题。

主要性能指标：

（1）化学成分见表2.4。

表2.4　化 学 成 分

C	Si	Mn	P	S	Cr	Ni	Mo	V	H	O	N
0.22～0.28	≤0.15	≤0.40	≤0.01	≤0.007	1.20～1.80	3.40～4.00	0.25～0.45	0.05～0.15	≤2.00×10⁻⁶	提供数据	提供数据

（2）力学性能见表2.5。

表2.5　力 学 性 能

R_m/MPa	R_p0.2/MPa	A/%	Z/%	A_{kv}/(0℃, J)	剪裂/%
950～1100	≥850	≥13	≥55	≥90（平均值），≥63（单个值）	≥50

（3）加工精度

1）上下法兰面同轴度0.03mm。

2）平面度0.05mm/m，全长范围平面度0.2mm。

3）燕尾槽角度公差±0.04°。

图 2.48　1000MPa 级高强度整锻转子中心体

2. 适用条件或应用范围

该技术可运用于 600r/min 及以上抽水蓄能机组,也可以推广至其他能源行业高转速机组上。

3. 应用注意事项

无。

4. 联系单位及联系方式

中国三峡建工(集团)有限公司机电技术中心。

2.37　TG 系列自主可控智能励磁系统

1. 技术原理与特点

TG 系列自主可控智能励磁系统面向抽水蓄能机组、水电机组自并励励磁系统研发,是国资委重点专项关键技术成果之一,采用 PID + PSS2B/4B 控制算法,配备完备的限制保护功能,具有丰富的通信接口,完全符合相关技术标准的要求及智能电站建设的需求。

系统所有元器件均采用国产产品,实现了软硬件的 100% 自主可控;核心控制器采用多核架构,充分发挥各处理器单元的功能特点,软件、硬件结构简明,运行高效;采用 $2 + N$ 级高冗余控制通道配置,励磁功率柜具备独立运行功能;内嵌 IEC61850 标准数字化通信模型,满足智能电站建设的需求;标配 15.6 英寸自主可控工控触摸屏一体机,具有完备的运行状态显示、参数整定、试验、工作日志、故障录波、在线监测诊断等功能;采用光纤点对点通信技术,实现励磁系统内部信号互联共享;具备励磁标准所要求的全部功能,各项性能指标均达到或优于标准要求,见图 2.49~图 2.51。

主要性能指标:

（1）控制周期：4ms。

（2）调节精度：±0.001U_n。

（3）模拟采样精度：16bit/s。

（4）通信接口：6个千兆网口，支持 IEC61850、IEC103、MODBUS TCP/IP 等。

（5）均流系数可达97%以上。

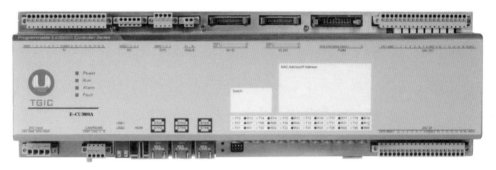

图 2.49　TG 系列自主可控智能励磁系统主控制器模块

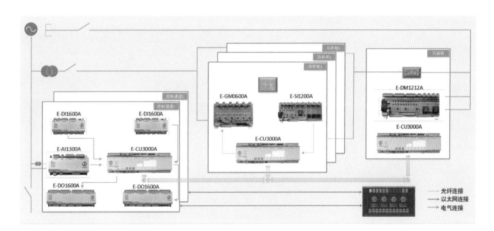

图 2.50　TG 系列自主可控智能励磁系统框图

图 2.51　TG 系列自主可控智能励磁系统

2. 适用条件或应用范围

适用于抽水蓄能机组或水电机组自并励励磁系统,其核心控制器可面向火电、生态环保等行业工控系统推广应用。

3. 应用注意事项

(1)使用环境温度不高于 45℃。

(2)安装地点周围空气应清洁干燥,无爆炸危险及足以腐蚀金属和破坏绝缘的气体及导电尘埃,以及在无较大振动或颠簸的地方。 安装地点应有防尘及通风措施。

(3)制定相应的运行规程和检修规程。

4. 联系单位及联系方式

三峡建工机电技术中心。

3 "大云物移智链"数字融合技术应用

3.1 流域水库大洪水超长期预报关键技术

1. 技术原理与特点

我国地处东亚季风气候区，季风年际变化致使降水时空分布极不均匀，年内汛期来水集中而年际丰枯变化剧烈。全球气候变化和人类活动的双重影响，加剧了极端降水事件频发态势，由此引发的旱涝灾害成为我国最严重的自然灾害；长期水文预报因其预见期长，对防洪抗旱、供水发电有重要的指导意义。通过准确、可靠超长期径流预报，尤其是提高大洪水年预报精度，充分运用水库的调蓄能力，决策者提前预防、科学施策、预蓄预泄、合理调控，可有效做到趋利避害。

径流形成受天文、气象、水文、地理、地质、人类活动等多方面因素的综合影响，其实质是一个复杂的非线性动力学过程，成因及机理复杂，确定性规律和随机性规律并存。流域大洪水超长期预报因其预见期更长、影响因素更多、物理机制不清晰、历史样本数据少、不确定性大等问题，导致大洪水超长期预报精度难以满足预报作业要求，预报模型普遍应用性不高。

该技术从流域径流形成的物理机制出发，基于"大概率思维预报小概率事件"的总体思路，基于日地月运行关系，分析流域水库大洪水形成的天文条件，挖掘天文因子与大洪水的趋势性、相似性和周期性规律，形成流域水库大洪水超长期定性预报；改进发展了可公度信息预报理论和技术，提出了以"点面结合洪灾预报技术"为核心基于结构融合的大洪水超长期预报技术，解析流域径流丰枯交替变化的有序结构，形成流域水库大洪水超长期定性预报；融合天文、气候、海洋、流域等多尺度因子，运用神经网络、支持向量机等数据挖掘算法，深度挖掘多尺度因子与流域径流关系，形成流域水库大洪水超长期定量预报；基于上述多种方法形成的预报结果，结合专家经验，单因子预报结果和多因子预报结果融合，定性预报结果和定量预报结果融合，综合辨识形成流域水库大洪水超长期预报结论；融合天文、流域、全球多尺度预报因子，集合数理统计、数据挖掘、信息预测多种技术手段，一般径流结构、极值点径流结构、极端径流结构递进嵌套，形成流域水库大洪水超长期预报技术体系。

2. 适用条件或应用范围

（1）研究成果涵盖了松花江、长江、汉江、钱塘江、大渡河、淮河等流域水库，为流域水库调度运行管理提供了科学支撑。

（2）适用于流域管理机构、防汛决策机构、大型水库管理机构。

3. 应用注意事项

中小型水库流域预报精度难度大，不建议采用。

4. 联系单位及联系人

国网新源集团科信部。

3.2 高寒区碾压混凝土智慧建造关键技术

1. 技术原理与特点

某工程地处东北严寒地区,面临极端低温(－42.5℃)、超大温差(79.5℃)等高寒复杂条件,多坝段连续施工最大仓面面积 1.8 万 m^2,且连续 4 年越冬。同时,存在建设管理信息来源广泛、种类繁多、收集困难,传递不及时、不畅通,孤岛现象普遍、关联性不好,数量庞大、统计分析困难等管理方面的难题。

智慧建造是基于"互联网＋"的智能管理体系,以数字化工程为基础,依托大数据、云计算、物联网、移动互联网、BIM、虚拟现实等新一代信息技术,以全程可视、全面感知、实时传送、智能处理、业务协同为基本运行方式,将工程范围内的人类活动与建筑物在物理空间与虚拟空间深度融合,实现智慧化的工程管理与控制。

高寒区碾压混凝土智慧建造关键技术主要包括 3 个方面:

(1)提出了碾压混凝土坝智慧建造理念,形成工程建设全要素、全过程的智能化管理体系,开发了构件化、抽屉式的三维可视一体化平台,实现了施工数据全要素的透彻感知、施工与建设管理信息全过程的全面互联和深度融合。

(2)碾压混凝土坝全过程施工智慧建造关键技术,包括智能化的混凝土生产、碾压、加浆振捣、灌浆等施工技术,混凝土智能温控防裂技术,以及智能检测、验评、视频监控、移动安监、进度等管控技术。

(3)高寒与大温差地区碾压混凝土筑坝关键技术,包括混凝土仓面水气二相流造雾方法、混凝土越冬人工降雪新型保温技术、仓面动态跟踪和实时监测监控技术等。

2. 适用条件或应用范围

(1)三维可视一体化平台作为工程管理信息载体适用各种建筑物、机电设备。

(2)移动安监、视频监控、基于全文搜索的标准和文件管理、智能化质量验评、智能化试验管控等技术适用于工程建设管理。

3. 应用注意事项

(1)无线通信技术是智慧管控应用的必要条件,基于网络安全和应用范围,建立独立的局域网应用智慧管控在现阶段比较可靠。

(2)动态模型技术是三维可视一体化平台实用化的核心。

(3)易用化设计对提升应用效果比较重要,在移动设备上实现各项功能应用便于参建各方人员操作。

（4）信息系统数据结构设计要与工程管理业务紧密结合，参建单位的业务人员要深入参与功能设计。

（5）智慧管控系统的标准化与个性化需要兼顾。

4. 联系单位及联系人

国网新源集团科信部。

3.3　基建智能化管控技术

1. 技术原理与特点

国网新源公司抽水蓄能电站建设迅猛发展，但传统的信息化管理软件仅实现了对建设管理数据的统计，对数据的分析展示通常采用报表、图表的单一形式，数据检索不便，表达不直观。工程智能管理通过物联网基础设施、云计算基础设施等新一代信息技术以及综合集成法、移动应用等工具和方法的应用，实现工程质量过程管控、监理旁站、移动安监、施工资源动态管理、计量签证数据采集及各方协同管理工作。

抽水蓄能电站基建智能化管控手段研究基于移动互联、手持智能终端、智能感知、智能识别等现代信息技术，实现抽水蓄能电站基建智能化管控，为现场质量、安全提供智能化管控手段。通过研究为现场质量验评标准、资料采集、监理旁站等施工管控业务提供新的管理方法；为现场安全管理水平提升提供创新管理手段，对现场施工涉及的人、机械、违规作业等管理及互动应用，提高现场施工管控水平。

2. 适用条件或应用范围

该技术适用于抽水蓄能基建现场施工管理。

3. 应用注意事项

（1）系统使用过程中需保证网络通畅。

（2）各个模块需导入的模板需与系统模板保持一致。

4. 联系单位及联系人

国网新源集团科信部。

3.4　水工建筑物安全信息管理与分析评估决策系统

1. 技术原理与特点

水工建筑物安全信息管理与分析评估决策系统将先进的计算机软件技术与抽水蓄能电站的安全监测系统的开发结合起来，保证系统的先进性、可扩展性和稳定性。同时，

系统开发需满足两方面的监控和报警要求：其一，单测点监测信息各类指标（设计和经验指标）的超界报警；其二，综合分析结果的异常程度报警。在综合分析推理方面，针对抽水蓄能电站水工建筑物特点，以现场监测信息为主体，开发针对实时水位变化频繁的运行条件下的建筑物安全评价与预测模型，基于实时监测资料，采用改进的统计数学模型并结合专家系统智能判别方法对的抽水蓄能电站水工建筑物安全型态进行快速评价。

该系统主要工作内容为：把各类经整编后的观测数据和观测资料与各类评判指标进行比较，从而识别单测点的观测数据和资料的正常或异常性质；当判断观测数据和资料为异常时，在单点定量化的基础上，按推理对象对监测量（测点）进行综合推理，采用产生式专家系统进行推理，以测量异常、结构异常为推理目标，完成对状态的自动评估，并根据分析成果，发出报警信息或提供辅助决策信息。

主要性能指标：

（1）支持大场景的渲染；三维画面相机平移；旋转响应时间不大于200ms，任意物件点选的响应时间不大于500ms；视野范围内模型数量不小于10000个时，渲染速度不小于25FPS。

（2）支持地下隐蔽性设施展示。

（3）数据库检索平均响应时间：简单条件检索时延不大于300ms，复杂条件检索时延不大于1s，重复查询时响应时间要快于第一次。

（4）画面实时数据刷新周期：≤3s。

2. 适用条件或应用范围

适合于已建立水工自动化监测系统的电站。

3. 应用注意事项

（1）使用期间需确保水工自动化监测系统运行可靠，测值可信。

（2）水工自动化监测系统数据库能与水工建筑物安全信息管理与分析评估决策系统之间进行通信。

（3）专家决策系统的设定值有合理参考依据。

4. 联系单位及联系人

国网新源集团科信部。

3.5 北斗实时坝体变形监测和预警系统

1. 技术原理与特点

随着水电工程建设的不断发展，我国已是世界上大坝最多的国家，坝体的老化逐渐

影响大坝的安全运行。 为了提高水库大坝频发的洪水和地震自然灾害的防范能力,保障大坝安全、稳定、长期运行,建立一种实时坝体变形监测和预警系统是迫切需要的。

常规的大坝安全监测采用全站仪等人工作业的方式。 从多年坝体监测的历史经验来看,坝体监测是一项长期监测任务,在爆发特大洪灾、地震等突发事件时需要及时掌握坝体平面位移和沉降几何变形量的变化情况,为上层决策提供极为重要的参考依据。 而当前的变形监测全部靠人工进行,周期较长,坝体变形走势无法及时掌握,而且由于各种原因部分监测点位存在被破坏的风险,在紧急情况下坝体几何变形规律将无法准确获取。 因此,采用北斗实时监测坝体变形技术将极大地提高大坝外观变形监测工作效率、降低工作强度,大大节约人力成本,真正意义上实现对大坝变形监测的全天候的自动、实时监测与预警。 同时,能够实现变形监测成果的规范化、信息化、科学化和自动化。

北斗实时坝体变形监测和预警系统由监测站子系统、数据中心子系统、客户端子系统和网络通信子系统四个部分组成。 北斗基准站设置在非形变区,北斗监测站设置在形变监测区,通过数据传输系统将同一时刻的北斗基准站及北斗监测站的原始观测数据发送到数据中心。 通过专业变形监测软件对数据进行自动解算处理,得到监测点实时的毫米级坐标值。 最终经过多期数据处理,不断精化模型误差,实现毫米级北斗大坝变形自动化监测预警系统。

主要性能指标: 平面精度为 2mm; 高程精度为 4mm。

2. 适用条件或应用范围

(1)该技术适用于土石坝、重力坝、拱坝、堆石坝等大坝变形监测。

(2)该技术适用于大坝水库库区不稳定区域地质灾害区域变形监测。

3. 应用注意事项

(1)基准站需要建设在净空条件好且地质条件稳定区域。

(2)使用期间避免监测站和基准站被遮挡,影响北斗信号的接收。

(3)使用期间需要确保网络传输条件良好,避免因网络波动,影响数据的质量。

4. 联系单位及联系人

国网新源集团科信部。

3.6 抽水蓄能电站地质灾害卫星遥感监测预警技术

1. 技术原理与特点

抽水蓄能电站地质条件复杂,施工区域广、工期长,地质灾害频发。 传统电站边坡稳定性巡视监测主要采取人工巡视或手动监测方式,但该方法准确性低、受外界影响大、安全风险高,且无法满足“精准点位、有效预测”的要求。 为解决上述难题,提出

了抽水蓄能电站地质灾害卫星遥感监测预警技术，并已在部分抽水蓄能电站得到了应用。 技术详述如下：

（1）基于光学卫星和雷达卫星的地质灾害隐患普查。 该技术采用光学遥感和雷达遥感作为普查手段，通过地质灾害隐患点的解译标志，结合地形地貌和图像智能识别算法，初步识别出电站区域有变形迹象的隐患点。 基于雷达遥感数据的 InSAR 技术，能获取整个电站区域厘米级甚至毫米级的形变量，识别和监测研究区隐患点。

（2）基于地基雷达和无人机的地质灾害隐患详查。 地基雷达具有时空分辨率高、观测姿态灵活等特点，是监测局部重点区域的重要手段，也能够用于应急监测。 而通过无人机对详查区域进行摄影，能从宏观上更直观的观察隐患点。 两者的有效结合能对普查结果中查出的疑似隐患点进行详查，明确是否需要进一步处理。

（3）基于地面调查的地质灾害隐患核查。 对于前述流程发现的疑似隐患点，组织专业人员对疑似隐患点进行现场调查以及风险评估，并根据调查和评估结果提出针对性的防治措施。

（4）基于北斗和地面传感器的重点边坡变形实时监测。 针对风险较高的隐患点，采用北斗及地面传感器进行实时监测预警。 实时监测装置一般呈十字形或井字形布设，通过多个监测点形成监测网，进而牢牢掌握灾害体或工程部位的整体稳定性，达到单点与整体的紧密结合。 传感器监测精度可以达到毫米级，监测数据回传周期为 30～60min 级。

综上，为提升抽水蓄能电站地质灾害综合防控能力，开发了抽水蓄能电站地质灾害卫星遥感监测预警系统；为提升解决"隐患点在哪里"的难题，提升隐患识别的能力，构建了电站地质灾害隐患识别的"三查"体系；为提升解决"什么时候可能发生"的难题，实现重要隐患点的实时监测预警，构建了电站多源立体监测预警体系。 该技术推进了抽水蓄能电站地质灾害隐患排查与监测预警向更智能、更高效、更经济转变，着力提升了抽水蓄能电站地质灾害风险管控能力。

主要性能指标：

（1）光学卫星遥感能够实现电站全域范围内 0.5m 高分辨率条件下的隐患排查。

（2）雷达遥感卫星能够实现电站全域范围内毫米级高精度隐患排查与监测。

（3）地基雷达能够实现电站重要边坡内毫米级高精度隐患实时排查与监测，监测周期分钟级。

（4）基于北斗卫星的重点边坡变形监测，水平方向精度 ±2.5mm，垂直方向精度 ±5mm。

2. 适用条件或应用范围

适用于建设期及运行期的抽水蓄能电站地质灾害隐患排查与监测预警。

抽水蓄能行业新技术目录（2023 年版）

3. 应用注意事项

该技术涵盖"天—空—地"多个技术体系，在运用时可配套、梯度使用，在地质灾害隐患点的识别、监测和预警中发挥各自优势，最终达到隐患识别和风险监测预警的预期效果。

4. 联系单位及联系人

国网新源集团科信部。

3.7 输水系统水下机器人检测与维护技术

1. 技术原理与特点

水下无人潜航器（Remotely Operated Vehicle，简称 ROV），是能够在水下环境中长时间作业的高科技装备，ROV 作为水下作业平台，由于采用了开放式框架结构、数字传输的计算机控制方式、电力或液压动力的驱动形式，在其驱动功率和有效载荷允许的情况，几乎可以覆盖全部水下作业任务，针对不同的水下使命任务，在水下无人潜航器上通过配置不同的仪器设备、作业工具和取样设备，即可准确、高效地完成各种调查、水下干预作业、勘探、观测与取样等作业任务。

ROV 是针对输水隧洞检查应用环境条件而特殊研制的作业系统，操作员使用手操盒和显示界面通过脐带缆发送命令来远距离驾驶 ROV，ROV 可以在任一方向移动，使用其自动功能，可以保持精确的航向和深度，形成一个稳定运行的观测平台。

ROV 系统具有如下几个鲜明的特性：

（1）环境适应性强，布放方便快捷，完美实现水面快速无人挂钩和脱钩。

（2）支持触摸屏手操盒远程操控，具备 ROV 和 UUV 组合工作模式。

（3）采用自动排缆脐带绞车，具有目标尺度的快速测量功能。

（4）航向和姿态控制稳定。

（5）具备自主定向、定深和定高航行功能。

ROV 系统的主体是水下摄像头、各种检测传感器等集成的运动平台，水面控制单元通过脐带缆将水面的电力和控制命令下传到集成平台，将获取的视频及其他传感器数据上传到水面控制单元，水面控制单元控制 ROV 主体的运动、声呐、灯光、摄像头拍摄方向，调节搭载的传感器控制参数，显示并记录检测数据和水下影像。包括了高分辨率彩色摄像机、惯性导航系统、避碰声呐、内置姿态传感器、推进器、照明灯等部件；水面控制单元包括了计算机控制系统、DVR 录像系统等部件，见图 3.1。

水面控制单元由计算机控制以及手持控制台组成。计算机控制部分主要是监测 ROV 主体的状态（包括所在位置的深度，倾向、倾角、方位角等信息），便于操作员实时进行

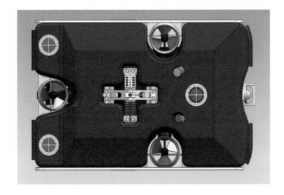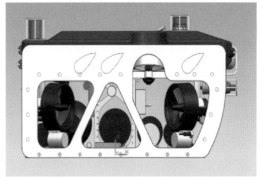

图 3.1　ROV 主体

姿态的调整，并进行水下检查成果的实时显示，同时，控制水中脐带缆的长度；手持控制部分则是完成对 ROV 主体的运动控制，控制信号以及视频信号通过脐带缆实现地面和水下传输。

主要性能指标：

水下机器人系统：

（1）系统用电：AC 220V/380V，功率不大于 10kW。

（2）负载能力：≥10kg。

（3）摄像：配备不少于 6 路水下高清网络摄像机。

（4）声呐：彩色图像声呐/多波束声呐、测距声呐、导引声呐等。

（5）导航：水下高精度惯导＋DVL＋水声定位组合导航定位。

（6）水下超远距离供电与数据通信：满足不小于 2km 的水下供电与信号传输。

（7）机器人体积：≤1600mm×1000mm×900mm。

（8）机器人质量：≤460kg。

（9）满足 ϕ2.3m 洞径的快速吊放、回收需求。

2. 适用条件或应用范围

水下机器人环境适应性指标：

（1）工作深度：不小于 1000m。

（2）检测距离：不小于 2000m（满足电站多弯段隧洞检测）。

3. 应用注意事项

（1）ROV 在下水前，检查各项搭载设备的状态，确保安装牢固，工作可靠。

（2）操作人员时刻监视前视导航声纳和水下摄像机画面，确保行进前方无障碍物。

（3）时刻密切监视导航声纳探测图像数据，发现异常回波信号，降低航速，缓慢靠近，对目标的状态和位置进行确认，对凸出的结构物或锐利边缘予以规避，并在航行日

志中予以记录，防止 ROV 在输水流道被异物钩挂。

（4）ROV 潜航进入输水流道后，随时通过读取脐带缆绞车的缆长计数器数据，结合 ROV 短基线定位系统和多普勒计程仪数据进行对比验证，确保 ROV 主体的行进距离与释放脐带缆长度保持一致，防止放缆过多发生缠绕。

（5）在返航过程中，通过摄像头对脐带缆的状态进行实时监控，同步回收脐带缆并保持脐带缆适度张紧状态，防止脐带缆缠绕水下机器人。

4. 联系单位及联系人

国网新源集团科信部。

3.8 无人机智能巡检技术

1. 技术原理与特点

抽水蓄能电站上下库区域边坡、连接公路边坡覆盖范围较广，传统的电站巡检工作主要依靠人工进行，但是该种方式受到环境因素影响，一旦大雾、结冰或极端的高温、低温天气，巡检效果会大打折扣，同时巡检人员的人身安全风险也会大大增加。通过无人机的自动巡检和图像对比功能进行电站的安全巡检，可以节约人力成本，提高安全度。通过全景照片和图像自动比对技术，可以轻易查找出电站大坝、库岸、及道路边坡等已经发生的自然灾害或可能出现的风险。

恶劣的环境因素会影响通信链路的通信和传输效率，通信链路的稳定对测控十分的重要，由于抽水蓄能电站处于山区，山区的天气状况多变，大雾、阴天任何一种天气都会对通信链路造成极大的影响，针对这种特殊的情况研究了稳定的符合山区使用的无人机测控系统。

测控系统的无线图传链路采用了 COFDM 调制技术。可远距离传输高清视频数据流，具备低延迟、抗干扰强的特点，同时支持数据加密。高速短波跳频电台以数字信号处理 DSP 为基础，采用差动跳频（DFH）技术。CHESS 跳频电台较好地解决了短波系统带宽有限这一束缚，而短波系统带宽有限这一限制是导致数据速率低的原因之一，CHESS 跳频电台还较好地解决了例如信号间相互干扰、存在多径衰落等通信难题。同时，它的瞬时信号带宽很窄，对其他信号的影响很小，数传传输的信息也不是很大，跳频信号传输完全满足了需要，即使在山区也树木遮挡也能很好的传输，传输距离达到 5～10km。另外，采取 2.4G 信号作为遥控信号的传输频段，穿透力较强，防干扰比较好，信号稳定，传输距离为 2～3km，适合山区使用。

主要性能指标，见表 3.1。

表 3.1 无人机技术指标

视频输入接口	HDMI	信道带宽	10MHz
分辨率	1080P@30fps	电源输入	12V

2. 适用条件或应用范围

（1）适合于交通路线长，地质条件复杂，气候多变的流域梯级水电站、抽水蓄能电站。

（2）该技术适用于水工巡检、地质变化初步判断、安防保卫巡逻、应急救援运送轻物资等。

3. 应用注意事项

（1）操作使用人员应取得超视距无人机飞行操作人员证（或机长证）。

（2）所使用的工业无人机应在当地民航局取得备案。

（3）不同地区电站因气候原因应考虑使用适用动力源（电池组或燃油）的工业无人机。

4. 联系单位及联系人

国网新源集团科信部。

3.9 机器人智能巡检技术

1. 技术原理与特点

随着电力科学的进步和电力体制改革的不断发展，以"信息化、数字化、自动化、互动化"为特征的智能电网建设逐渐深入。以智能巡检机器人为载体，云端集成大数据库和智能分析系统，电脑端和移动端作为分析结果接收端的智能型检测系统已经成为一种趋势。

（1）厂房巡检机器人：通过研制一套机器人搭载平台，实现机器人的通用性和强适应性。并通过人工智能等先进算法，不断自学习，能够实现自主规划、自主运动，自主通过门禁、电梯等功能，自动完成抽水蓄能电站复杂环境下的巡检任务；视觉、红外、噪声、振动、气味五大巡检子系统模块可独立或配合完成对设备的数据采集与融合分析。另外利用机器学习方法进一步挖掘电厂数据的利用价值，提高对设备健康状态的持续、科学的分析，实现对设备的故障感知。

主要性能指标：

1）机器人整体重量：≤70kg。

2）使用环境温度范围：-10～30℃。

3）使用环境相对湿度：5%～95%（无冷凝水）。

4）最大速度：≥1m/s。

（2）500kV 电缆廊道巡检机器人：抽水蓄能电站 500kV 电缆通道采用水平敷设、竖井敷设和斜井敷设三种敷设方式。特别是在斜井敷设工作段，人工持便携设备巡检的方式存在劳动量大、人为即时判断受主观因素影响较多、巡检设备质量保障难等不足。轨道式摄像机巡检机器人集成最新的机电一体化和信息化技术，采用自主或遥控方式，对电缆进行红外监测、视频监控，通过对巡检数据进行对比和趋势分析，及时发现电缆运行的事故隐患和故障先兆。

轨道式巡检机器人采集到数据后，对数据进行电子储存、分析和对比，建立电站专业数据库，同时将分析的结果与模型做对比，从故障分析环节减少人工的参与度，提升整体智能化程度。

主要性能指标见表 3.2。

表 3.2　　　　　　　　　　　主 要 性 能 指 标

巡检机器人重量	≤50kg
巡检机器人尺寸/(mm×mm×mm)	600（长）×400（宽）×400（高）
防护等级	IP67
最大续航里程	5km（一次充电，匀速）
最大爬坡能力	15°
最小转弯半径	1.5m
行走安全	最大探测距离 2.5m，精度不大于±1mm

（3）排水廊道巡检机器人：目前针对电站水库库底排水观测廊道渗水量、裂缝的观测工作由人工巡视完成，但巡视工作对工作人员的专业素质要求较高，且大量重复性的工作和封闭的环境对工作人员的影响和工作人员的状态都会造成巡检结果的偏差，难以提供完整数据进行有效的分析，并且观测廊道的渗水量和裂纹变化都需要进行实时监测。因此研究一种基于机器视觉深度学习智能巡检技术能大大减少相关人员的重复工作量，对于班组减负有着重要的意义。

智能巡检技术是通过智能机器巡检系统，采用任务制定、自主导航、智能避障及自动回充等技术代替人工对水库库底排水巡检区域进行定时、临时自主巡检，基于机器视觉、深度学习等技术，利用计算机对图像进行处理、分析和理解，以识别各种不同模式的目标和对象，对渗水、裂缝等异常现象进行自动识别及诊断分析，对异常进行及时提醒及报警，为渗水观测和裂缝检测提供了安全适用的新方法。

主要性能指标：

（1）底盘运动能力：

1）涉水：＞50mm。

2）爬坡：＞15°。

3）越障：＞70mm。

（2）大角度高清云台摄像机：

1）可见光：支持 30 倍光学变倍。

2）水平旋转范围：0°～360°。

3）垂直旋转范围：－90°～90°。

2. 适用条件或应用范围

适合于已投产的水电站。

3. 应用注意事项

（1）智能巡检机器人在装设时需考虑光纤通信接入及隧道内充电站电源的提供问题。

（2）智能巡检机器人应具备特定路线行驶及自动避让功能，防止因机器人巡检导致的设备误碰、误动以及误入带电间隔。

4. 联系单位及联系人

国网新源集团科信部。

3.10 无人驾驶智能碾压施工技术

1. 技术原理与特点

抽水蓄能电站面板堆石坝施工具有料区多、障碍物多、狭窄仓面与宽阔仓面并存等特点，碾压机械需要按照特定的工艺进行作业以确保碾压质量；同时，为保证碾压进度，坝面碾压需在给定的施工参数下高效完成碾压作业，避免影响后续施工环节；此外，坝面施工还要面临多种复杂恶劣气象。上述这些复杂的施工条件及要求都对大坝碾压施工的效率和安全性等提出挑战。

传统人工驾驶碾压机施工作业存在人工操作枯燥、单调易疲劳、施工成本高、施工效率低、碾压质量不稳定、易超碾漏碾、夜间和恶劣天气施工精度和安全难以保证等问题。无人驾驶智能碾压施工机械化程度高、施工快速简单、适应性强、工期短、投资省、绿色环保，对于确保面板堆石坝等碾压式大坝安全优质高效施工具有重要作用，真正实现了复杂施工现场全天候作业，使抽水蓄能电站工程建设能够进一步实现智能化、信息化、数字化，有力保障了碾压施工质量，提高碾压筑坝效率，具有巨大的经济和社会效益。

无人驾驶智能碾压施工技术核心设备为无人驾驶智能碾压机，主要包含三大模块：

碾压实时监控模块、施工方案优选模块和无人驾驶执行模块。 在三级模块架构下，还包含六大子系统：压实程度实时监测系统、GNSS实时定位系统、数据处理系统、自动驾驶系统、安全警报系统和碾压参数数据库。 见图3.2。 无人驾驶智能碾压机基于三大模块和六大子系统，最终构建无人驾驶碾压机智能碾压远端作业管理平台进行施工作业管理，有效提高填筑质量，提升施工效率，降低施工成本，确保施工安全。

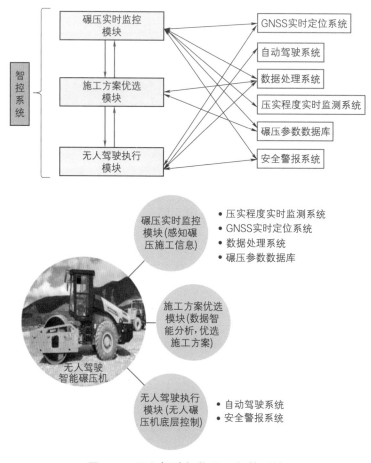

图3.2　无人驾驶智能碾压智控系统

主要性能指标：

（1）纵向轨迹控制精度：≤5cm。

（2）横向距离控制精度：≤5cm。

（3）纵向速度控制精度：≤0.2km/h。

（4）避障反应时间：≤20ms，避障距离可根据现场实际设置。

（5）具备自主切换条带、自主规划轨迹、自主调向等自主作业能力。

（6）错距误差控制：≤5cm。

2. 适用条件或应用范围

适用于面板堆石坝、碾压混凝土大坝以及心墙土石坝等包含碾压式大坝的水利水电

工程。

3. 应用注意事项

（1）新型碾压质量检测设备在使用过程中，需要注意：

1）安装时需要紧贴钢轮轴横梁，不可形成缝隙，不可采用磁吸材料进行稳定。

2）设备线不宜过长，易造成信号衰减严重。

3）需要定期检测设备的稳定性，保证设备能精准预测压实质量。

4）采样频率不宜过小，应满足奈奎斯特定律。

5）出现跳振、脱振时，需进行数据滤除。

（2）虽然无人驾驶智能碾压施工技术已日趋成熟，但在应用过程中必要的安全防护工作需要严格落实，特别是临边防护，避免设备因故障发生偏离导致从坝面坠落。

4. 联系单位及联系人

国网新源集团科信部。

3.11　一种电缆敷设智能管控系统

1. 技术原理与特点

抽水蓄能电站电缆使用量大，敷设线路复杂，电缆造价高，对电缆的有效管理和使用，可减少不必要的浪费，节约工程建设成本。通过电缆敷设智能管控系统可在多方面为电缆使用做出合理规划：从源头上检查，在电缆录入系统时，自动过滤、提示重复电缆信息；从过程上把控，智能规划最短路径；从方法上改善，先模拟，后施工，减少施工现场临时调整造成的电缆浪费；从结果上管理，记录实际敷设电缆长度，有效统计敷设进度，并生成电缆小牌等成果。传统方式敷设电缆前规划结果都在规划者的大脑中，工作现场难免遗忘、错漏、被其他工作打断，降低施工时的效率，该系统模拟结果可记录完整电缆敷设信息并直观显示，大大提高施工效率。因此，该系统从节约电缆用量和提升施工效率等方面均有较高的经济效益。

电缆敷设智能管控系统将电缆敷设虚拟仿真技术运用于抽水蓄能电站的施工建设当中，其效果展现了电缆在桥架中排布的精确位置，将软件技术与施工直接关联，使施工精细化到了新的水品，为电缆的精细化施工的应用奠定了坚实的基础。

目前，在国内将虚拟仿真技术应用在抽水蓄能电站电缆敷设施工中，基本上还处于空白阶段。一方面，是由于国内的虚拟现实仿真技术和产品处于研制开发阶段，还不足够成熟；另一方面，工程设计时间紧，电缆数量大，施工现场情况复杂。因此，随着技术的完善和设计精细化程度不断提高，电缆在施工过程中的合理使用和有效管理将逐步实现精细化和数字化，施工前即可看到施工完成的效果，并可按照虚拟敷设效果指导施

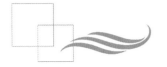

工过程,展现出广阔的应用前景。

2. 适用条件或应用范围

该项目首次实现了抽蓄电站电缆敷设的智能化排列、可视化三维展示、全过程管控、数字化移交及运维辅助,有效提升施工效率,减少电缆使用量,降低工程建设成本,填补了国内在该领域的空白,提升了抽蓄电站建设智能化、数字化管理水平,促进了三维电缆自动化建模与分析技术领域发展、推动了电缆敷设施工技术进步,具有重要的推广应用价值。

3. 应用注意事项

使用期间需建立电缆敷设路径三维模型。

4. 联系单位及联系人

国网新源集团科信部。

3.12 一种智慧工器具管理系统

1. 技术原理与特点

工器具管理控制是任何企业都面临的一个大问题,通过调研,发现 RFID(超高频电子芯片)、大数据等技术在物资仓库管理中已经得到成熟应用,因此结合这一类技术开发了智慧工器具管理系统。

目前抽蓄正处在大建设时期,各电站工器具种类及数量配置、设备检修工器具借用登记都将涉及之前提到的工器具管理存在的这类问题,通过对智慧工器具管理系统的应用,可减少管理成本,提高工作效率。

智慧工器具管理系统主要基于大数据分析技术、移动物联网技术,结合 RFID 标签,让工器具管理变得更简单、快捷。通过 RFID 技术,可以进行无线电信号识别特定目标并读写相关数据,其最大的优点是可以在一定范围内进行批量识别。利用数据进行各种大数据的计算分析,隔离配置工器具。通过云技术,将所有的储存、服务与计算全部在云端完成,减少硬件成本支出。

2. 适用条件或应用范围

(1)适合于抽水蓄能电站工器具管理。

(2)适用于抽水蓄能电站仓库物资及备品备件管理。

3. 应用注意事项

(1)RFID 标签主要通过热塑膜套装在工器具上,使用时注意防止塑料膜破损导致标签脱落,一旦脱落应联系管理员进行重新制作。

(2)在基础数据录入时,应做好工器具分类,这样可以方便后期查找及维护。

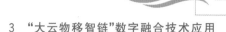

4. 联系单位及联系人

国网新源集团科信部。

3.13　一种虚拟现实技能演练系统

1. 技术原理与特点

近年来我国抽水蓄能电站发展很快。电站设备众多繁杂，且为地下式厂房，运维任务危险繁重，合格优秀的运维生产人员才是企业安全生产的保障。现阶段主要存在问题：①运维人员技能提升仍然以文本、图纸、照片、视频的授课方式为主，既不直观，也抽象难懂，缺乏现场带入感；②运维人员的事故处理能力仅依赖预案学习和事故演练的形式进行，缺乏严肃性和真实性；③大型设备维修和技改时间跨度久，后人无法真实地去实操学习；④设备巡检仍是通过数据抄录和现场人员巡查的形式，缺陷记录和描述不够直观清晰。因此，抽水蓄能电站在安全管理、人员业务技能培训、作业流程及应急演练等方面具有很大的提升空间。

现结合电站实际运维情况将虚拟现实（VR）/增强现实（AR）技术进行创新应用，建立运维人员技能演练的虚拟环境，实现球阀检修指导、球阀系统辅助巡检及模拟缺陷远程指挥处理、机组自用配电盘着火事故演练、500kV 倒闸操作虚拟演练的功能；实现现场三维实景与虚拟环境交互，将真实环境和虚拟环境进行叠加，达到运维人员实景操练的效果；实现运维人员技能考评功能。

利用三维激光扫描建立电站虚拟环境模型，便于具体研究模块的填充与拓展。根据现场设备操作票与设备闭锁逻辑，建立 500kV 倒闸操作的典型作业场景，健全违章操作的异常事故模型；编写事故处理脚本，建立机组自用配电盘着火的事故处理模型，健全事故扩大的具体分支，展现真实的事故处理现场；根据设备大修视频影像、图纸及作业指导书，建立球阀系统具体三维模型，利用 AR 技术建立球阀大修的检修工艺模型，实现通过佩戴 AR 眼镜将虚拟环境和设备的真实场景叠加，达到指导多人协同作业，并利用环境视点追踪技术，用户通过佩戴 AR 眼镜实现辅助球阀系统巡检的功能，能远程指挥处理缺陷。

2. 适用条件或应用范围

（1）适用于抽水蓄能电站运维人员的技能培训。

（2）适用于抽水蓄能电站检修作业无纸化作业指导。

（3）适用于抽水蓄能电站远程消缺指导。

3. 应用注意事项

（1）不管是虚拟现实还是增强现实都不是真正的现实，在虚拟的环境中完成现实中

的行为存在一定的难度。特别是在水电厂这样比较复杂的虚拟环境中，要保证操作的严谨性，不仅对计算机性能要求极高，制作课件内容的开发者也需要十分熟悉电站的运维工作。

（2）目前设备硬件无法承载大量容量的虚拟环境，需将虚拟环境进行模块化开发应用。

4. 联系单位及联系人

国网新源集团科信部。

3.14 发电电动机风洞和水车室综合状态智能监测技术

1. 技术原理与特点

抽水蓄能电站设备具有启停频繁、高水头高转速的特点，机组运行工况复杂，而现有电站的状态监测系统主要为振动摆度、水压力脉动、气隙等状态量检测为主，随着当前物联网、智能传感技术、监测图像识别分析技术和数据分析挖掘技术的发展，进一步研发建立抽水蓄能发电电动机风洞和水车室综合状态更多维度的智能监测系统，深入研究抽水蓄能发电电动机风洞和水车室综合状态的智能监测的内容及特点变得可行，以发电电动机风洞和水车室环境智能监测为导向、基于监测图像分析识别技术、数据分析挖掘算法等为研究内容，通过遗传算法、蚁群算法、粒子算法等人工智能算法进行加速和优化，采用决策树、邻近算法、人工神经网络以及支持向量机等算法，对发电电动机和水车室的状态信息库数据深入挖掘，建立发电电动机和水车室的多维度故障报警模型，对设备的非正常状态给出预警和故障报警信号，具有极强的应用前景。

抽水蓄能发电电动机风洞和水车室综合状态智能监测技术，通过配置智能传感器和智能摄像头，开发数据采集装置，采集发电机风洞和水车室温度、噪声、总烃、臭氧、油雾、图像等，实现识别渗漏、异物、变形、裂纹、外观损伤、螺栓松动等信息，同时综合机组状态监测系统数据，分析不同工况下最小气隙及方位、最大气隙及方位、平均气隙、转子不圆度等，对发电电动机风洞和水车室环境非正常状态进行建模，实现异常状态自动完成报警判断。

主要性能指标：

（1）噪声传感器。

灵敏度：5mV/Pa。

频率范围：10Hz～70kHz。

动态范围：35～155dBA。

采样率：最高 102.4kHz/s。

（2）红外传感器。

实时图像刷新频率：50Hz。

测量范围：－20～550℃。

测量精度：±2℃。

（3）气体传感器。

量程：0～10×10^{-6}，分辨率 0.1%FS。

精度：3%FS。

图像传感器。

分辨率及帧率：50Hz，25fps（1920×1200）。

视频压缩标准：支持 H.265/H，264/MJPEG。

工作温度：－30～50℃。

防护等级：IP30。

2. 适用条件或应用范围

该技术适用于适用于抽水蓄能电站风洞内部图像、温度、噪声数据监测和分析报警。

3. 应用注意事项

（1）使用期间需确保光纤保护良好，避免出现光纤损坏，影响数据的准确性。

（2）定期检查各传感器安装紧固无松动，特别是风洞内隐蔽部位处。

（3）制定该套系统设备的运行规程和检修规程。

（4）注意定期检查各服务器运行情况，防止散热不佳导致系统死机。

4. 联系单位及联系人

国网新源集团科信部。

3.15　基于大数据云计算技术架构的水电站设备健康评价体系

1. 技术原理与特点

现阶段我国抽水蓄能机组装机容量和在建规模居世界第一，预计到 2025 年装机容量可达 1 亿 kW。抽水蓄能机组具有水头高、双向高速旋转、启停频繁及工况转换复杂等特点，较常规水电机组更易发生故障。抽水蓄能电站安全稳定运行与快速增长的需求之

间矛盾日益突出,如何准确判断机组健康状态与劣化趋势、精确测量及评估其运行性态及健康状态,及时发现异常、防止设备事故,是保障机组安全运行、促进其从计划检修向状态评价检修转变的重大课题。

该项目研发的运检应用服务中心,融合设备健康评价与故障诊断系统等功能,借助"信息技术+大数据+云计算+通信技术+传感技术",实现"运检手段数字化、交互方式实时化、运检过程可视化、检修选择科学化、检修方案灵活化、状态评价专业化、运检管理精细化",建立新源公司抽水蓄能电站设备状态评价相关标准,支撑公司下辖的抽蓄电站设备检修引入基于设备健康状态评价的设备状态检修模式。通过研究,提高抽水蓄能电站发电机组、输变电设备、GIS设备运维管理的数字化和智能化水平,实现面向此部分设备的云监控、监测及运行维护,做到智能诊断与传统运维检修业务的深度融合,保证检修类资源及要素以最优化的方式进行配置;同时在集团端利用大数据技术对运维检修情况进行系统性的分析,建立新型智能运检技术体系和业务模型,实现对运检业务的全方位智能化管控;这样既有利于设备的安全稳定运行和电站生产运维的科学高效,同时也为集团决策的前瞻性和准确性提供支撑。

2. 适用条件或应用范围

(1)该技术适用于未打通不同设备系统间数据壁垒的抽水蓄能电站。

(2)该技术适用于亟须开展设备状态检修,同时缺乏足够设备健康情况数据辅助决策的各类电站。

(3)该技术适用于未建立设备故障诊断模型的各类生产企业。

3. 应用注意事项

(1)使用期间确保各服务器、交换机、光纤等设备运行正常,进行定期检查维护。

(2)相关软件部署均应经过有资质的第三方单位测试。

(3)各生产内网大区之间数据传输需设置可靠的单向隔离装置。

4. 联系单位及联系人

国网新源集团科信部。

3.16 红外热成像测温技术

1. 技术原理与特点

电气设备在正常工作时,设备会有相应的热场分布和热特征,其热信息相对稳定或者具有一定规律。其他条件正常时,如果设备的温升在定的范围内,可判断设备正常。如果设备出现故障,比如连接头松动或者内部故障,必然影响设备的内部损耗和表面的热量分布,设备的热场分布发生变化,一般会伴随明显的温升变化。红外热成像技术通

过红外探测仪获取设备的热信息，通过图像处理技术得到设备分热场分布和温升变化数据，再应用相应的算法和诊断等技术，就可对设备故障进行诊断。

随着红外技术的不断发展，红外诊断技术应用范围越来越广，并且通过实践证明该技术具有优良的检测特性。基于其非接触检测的特点，红外诊断技术具有实时、准确、灵活、便捷等优点，备受国内外的电力行业重视。近几年的计算机技术和微电子技术的迅速发展，推进了红外诊断技术的发展，诊断更加智能化。如今红外诊断技术已经比较成熟，检测具有较高的准确度，检测灵活方便，加上先进的图像处理技术和科学的诊断算法，可更加智能化对电力系统中电气设备故障进行定性和定位分析，还可以建立设备状态数据库，各种设备故障数据库，提高故障检测的可靠性和准确性。

红外热成像测温的基本原理：电气设备在运行中，长期受到电场、温度、机械振动的作用，加上恶劣天气、施工中人为因素等不良条件的影响，会出现导致设备接触电阻变大、介质损耗增加的问题，如设备接触不良、绝缘部件老化损坏等。这些问题会导致设备局部发生过热，根据发热情况不同，设备会发出不同强度的红外辐射，红外测温仪接收这些辐射并转换为电信号，便可得到温度分布情况，并得到与设备表面热分布相应的热像图并得到设备特定部位的温度。通过分析设备的热像图即可了解到设备运行状态，对异常的设备热图像分析可以初步判定缺陷类型并得出缺陷原因。

主要性能指标：

（1）响应时间快，使用寿命长。

（2）非接触，可实现远距离测温，使用安全。

（3）测温范围广，根据不同的需求，测温范围可扩展至：-50～3000℃。

（4）显示直观，除了显示一般的温度数据外，红外热像仪等设备还可展示被测物体表面温度的分部情况。

2. 适用条件或应用范围

（1）抽水蓄能电站风洞内。抽水蓄能电站主厂房区域从上至下分别是发电机层、母线（中间）层、水轮机层、蜗壳层。其中母线（中间）层风洞中的设备主要为发电机机组的定子、转子、机架及部分电缆。通过红外热像仪可对风洞内的定子绕组、电缆等进行监测，当设备过热时及时告警。

（2）抽水蓄能电站出线场。出线场是指电站发出的电能，经过变压设备调试后，向各地输送电能的供电中心，一般有互感器、避雷器、载流子等多种电气设备。在线路触点部位容易发生线路过热起火等安全事故。可以采用红外热成像云台摄像机对出线场进行监控。

（3）抽水蓄能电站电缆测温。电缆起火是目前在发电行业多发的安全事故之一，

电缆测温的应用场景有很多，如电站的电缆层，可对电缆桥架进行测温。

（4）抽水蓄能电站主变压器测温。 主变压器作为电站重要的电气设备，可能存在接头松动或接触不良、不平衡负荷、过载、过热等隐患。 这些隐患可能造成的潜在影响是产生电弧、短路、烧毁、起火。 目前在发电行业内对主变压器采用热成像摄像机测温的案例较少，随着热成像测温系统的不断发展，对主变压器测温将在未来成为热成像摄像机测温的重要场景之一。

3. 应用注意事项

（1）发射率对测温的影响。 物体发射率各有不同，这是影响红外测温的直接因素，也是物体辐射能力的重要特征。 影响发射率的因素有很多，包括物体的表面形状、温度、材质（包括表面氧化层、表面杂质或涂层）及粗糙程度等。

（2）空气对测温的影响。 空气中的水分、臭氧和二氧化碳等成分对红外辐射均有吸收和折射能力；空气中的很多微粒也能吸收、散射红外辐射，比如云、雾、雨、雪等。

（3）背景环境对测温的影响。

1）背景因素：背景物体热交换、周围物体发射的红外线干扰。

2）环境因素：太阳光辐射等。

（4）安装时要充分考虑发电机核心部件的安全性，在保证安全的前提下完成安装及运行。

1）针对发电机定子绕组上端部结构可以采用球形摄像设备或者枪型摄像设备。

2）下端部可考虑埋入混凝土内的测温结构以保证安全。

3）为增大测温范围，增强测量效果，可考虑使用可移动导轨布置摄像机。

（5）摄像机需要采用结构简单、运行可靠的设备种类，去除不必要的功能。

4. 联系单位及联系人

国网新源集团科信部。

3.17 一种高压设备状态监测及管理系统

1. 技术原理与特点

如何有效保障电力系统的安全、可靠运行是一个永恒的主题，而高压设备的安全运行是关乎电力系统安全运行的基础，长期坚持的计划性检修是保障电力系统运行的重要手段。 随着电力系统的大容量和高电压化，以及网络结构的复杂化，对电力系统的安全可靠性指标的要求也越来越高，计划性检修越来越不适应我国电力工业的发展状况。

在变电站建立高压设备状态监测与管理系统，利用先进的通信和网络技术进行组网，采用分层分布式结构。 安装在现场的智能传感器负责就地数据采集和智能型监测单

元处理，安装在电站主控室内的智能在线监测和状态检修系统平台负责对高压设备进行状态监测和预警。 根据现场需要可采用主流 RS－485 通信方式，或者 IEC61850 协议，获取各个监测装置的监测结果，并对监测结果进行展示和分析。

高压设备状态监测与管理系统，减少停电时间和试验操作，提高供电可靠性和经济性。 实时、准确地反映设备在运行电压下的性能和健康水平，及时发现设备运行中的潜伏性缺陷，防止突发性事故发生，有效提高设备运行水平和可靠性，降低设备事故率，减少突发性事故。

主要性能指标：

（1）环境温度：－40～70℃ 。

（2）相对湿度：0～100％RH。

（3）大气压力：86～106kPa。

（4）工作电源：AC220V±20％ 50Hz。

（5）整机功率不大于 20W。

2. 适用条件或应用范围

适合于需要建立高压设备状态监测和状态检修的水电站。

3. 应用注意事项

（1）根据监测设备类型、安装位置、设备运行工况，分别设置监测参数报警阈值。

（2）系统是由传感器、在线监测装置、IED、在线监测子系统等组成，运行期间需保持通信通道畅通。

4. 联系单位及联系人

国网新源集团科信部。

3.18 一种基于物联网技术的远程数据监测报警系统

1. 技术原理与特点

当前，在国内抽水蓄能电站生产中，部分设备的重要指标数据（如 GIS 气隔绝缘气体六氟化硫密度、压力、温度等数据）需要人工读取、人工计算分析和人工储存，信息化程度相对较低，影响生产效率和增加生产成本；有些设备由于所在环境其特殊性，人员现场采集容易造成安全责任事故。 六氟化硫密度、压力、温度监控对电站的运行和安全非常重要；物联网技术的兴起，给我们提供了一个全新的解决问题的思路。

物联网是在互联网的基础上发展起来的，除了融合了计算机技术、通信技术、RFID 技术等，还引入了传感器技术。 无线传感器网络作为物联网的支撑技术，采用无线通信方式，是一种新的信息获取和处理技术。 通过在监测区域内部署大量的传感器节点，经无线通信方式形成一个多跳的自组织网络，实现对监测区域内感知对象的信息采集、处理和传输等。 与传统的有线监测方法相比较，使用无线传感器网络进行电力设备监测有四个显著的优势：一是传感器网络的自组性决定了网络的快速部署；二是采集的数据可以通过主节点（网关）进行传送，系统性能有质的提高；三是网络具有较好的健壮性，能够满足电力设备特定应用的需求；四是电力行业需要数据系统平台可以监控区域进行全覆盖，无线传感器网络技术可以弥补有线和电信运营商的达不到的盲点，给电力设备的管理单位提供了一个全新的选择。

成果以传感器技术为基础，以互联网和计算机技术为支撑的物联网技术引入抽水蓄能电站的生产中，分为感知层、网络层和应用层，感知层是应用 RFID 技术采集六氟化硫密度、压力、温度等参数，来实现感知物体和环境实现采集相关信息；网络层通过移动网络 GPRS 与互联网的融合及部分信息智能处理等功能，将感知层的信息进行传递和处理；应用层则是服务器、客户端、手机报警等智能化成一体，是物联网技术在电力系统在线监测中的深度融合，见图 3.3。

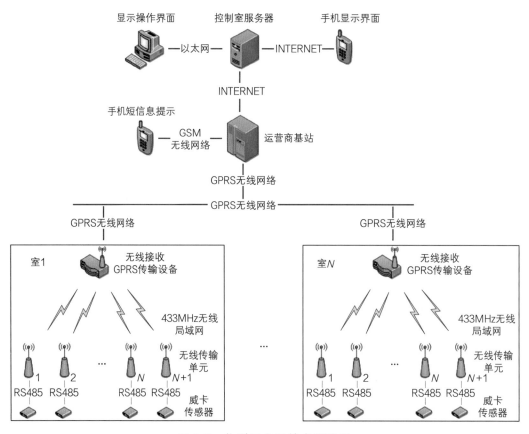

图 3.3　物联网应用技术原理图

2. 适用条件或应用范围
适用于任何型式的水电厂及不同电压等级的变电站。

3. 应用注意事项

满足信息化相关管理要求。

4. 联系单位及联系人

国网新源集团科信部。

3.19 一种智能通用型数据采集单元

1. 技术原理与特点

水工安全监测系统是水电工程运行和安全管理的重要手段，为水电站及抽水蓄能电站的安全生产保驾护航。而传统的水工安全监测数据采集模块通常为单类型设计，每种类型的监测仪器对应一种专用的采集模块，如差阻式仪器采用差阻式采集模块，钢弦式仪器采用钢弦式模块。单类型的数据采集模块简单可靠、调试方便，但当同一部位有多种传感器类型时，通道利用率不高；通信接口一般采用串行 RS485、RS232 或以太网有线方式，交互方式以主从式为主，通信交互方式较为单一，当需要无线通信方式时，只能通过外挂无线 DTU 的方式实现，不利于功耗控制及小型化设计，对于大型工程各类监测场景的综合适应性较弱。随着监测装置技术及通信技术的进步，其中部分技术已显得相对落后。

针对传统监测装置存在的不足，智能通用型数据采集装置，在各类监测传感信号的采样及通信方式上采取了通用化集成设计，实现了一款装置集多种信号数据采集、快速数据传输、集成无线通信及大容量存储扩展等功能于一体，并支持智能终端应用，大大提升了监测装置的智能化程度，方便了工程应用。

主要性能指标：

（1）通道数：8/16/32，可通过级联扩展增至 96 个通道。

（2）测量信号类型：差阻式、钢弦式、电位器式、标准电压、标准电流、数字式。每个通道均可自定义测量信号类型。

（3）测量性能、测量范围、分辨力、精度：不低于 DL/T 1134《大坝安全监测自动采集装置》要求。

（4）测量方式：定时、单检、选测或任设测点群。

（5）定时测量间隔：1min～99d 可调。

（6）测量时间：1～5s/通道。

（7）存储容量：＞10000 测次（通道接满）。

（8）有线通信接口：10/100M Ethernet，RS-485，RS-232。

（9）无线通信接口：内置 4G、NB-IoT、WiFi、LoRa 可选。

（10）蓝牙功能：内置低功耗蓝牙，配套 App 程序。

（11）供电监视：可监测模块直流电压、电池电压及工作电流。

（12）温湿度监视：可监测环境温度及湿度。

（13）人工比测：智能化人工比测。

2．适用条件或应用范围

（1）适用于抽水蓄能电站的水库大坝、输水系统、地下厂房等部位的水工结构物及边坡的安全监测。

（2）适合于水电站的大坝、厂房等部位的水工结构物及库区边坡的安全监测。

3．应用注意事项

（1）通信网络宜采用光纤以太网，已提升系统的数据传输速度，提升监测数据采集效率。

（2）采用无线组网通信时，宜采用专网或采取加密措施，以保障信息安全。

4．联系单位及联系人

南京南瑞水利水电科技有限公司：马文锋。

3.20　智能安防雷达视频区域警戒系统

一、成果主要内容

1．技术原理与特点

该技术是利用基于高精探测毫米波雷达及 AI 智能高清视频技术，雷达对监控区域进行不间断扫描，并精准检测入侵目标距离、角度、速度等信息，融合视频二次复核，对真实目标主动跟踪和预警。同时，利用基于机器学习的分类技术，可以实现人、车、树等入侵目标种类智能区分。整合视频、毫米波雷达测距测角测速数据，可以定位警情发生区域的准确位置，再将警情通知值班人员或安防负责人。克服野外距离长、线路远、环境苛刻，满足特殊需求，确保系统可靠稳定、快捷准确，适度超前。软件不部署在管理信息大区，独立组网运行。

毫米波雷达使用毫米波，通常毫米波是指 30～300GHz 频域（波长为 1～10mm）的。毫米波的波长介于厘米波和光波之间，因此毫米波兼有微波制导和光电制导的优点。与光波（红外、可见光、紫外光）相比，毫米波能穿透云雾、烟、尘。在环境适应能力上，毫米波雷达比激光雷达、视觉优越。

主要性能指标：

（1）识别目标：小动物、人、车。

（2）识别模式：雷达触发报警，联动视频确认。

（3）识别速度：−3.8～3.8m/s。

（4）测距范围（行人）：≤60m。

（5）距离分辨率：0.67m。

（6）覆盖范围：3.5～500m²。

（7）检测率：90%。

（8）角度精确度：±1°。

（9）距离精度：±1m。

（10）测角范围：方位面，120°；俯仰面，21°。

2. 适用条件或应用范围

适合于电站上水库、下水库、厂房及办公区周界等需要防范的室外环境。

3. 应用注意事项

（1）使用时注意安装环境，不要有大范围遮挡。

（2）上水库安装时需注意防雷处理。

4. 联系单位及联系方式

国网新源集团科信部。

3.21 抽水蓄能电站运检值守智能联动技术

1. 技术原理与特点

抽水蓄能电站监控系统信息量日益增长，计算机监控系统简报产生海量数据，使得运行人员难以从中快速获取真正有价值的信息，工作负担不断上升，且对重要测点数据的趋势预警、多测点数据的关联分析预警支持不够，当发生报警事件时，缺乏相关的应急处置机制辅助指导运行检修人员进行科学的报警处置和设备故障恢复处理。

抽水蓄能电站运检值守智能联动系统通过整编计算进行设备对象各维度数据分工况、流程运行特征值抓取，针对不同的采样数据，选择相应的整编算法进行数据整编计算，形成典型设备运行模型库，见图3.4。

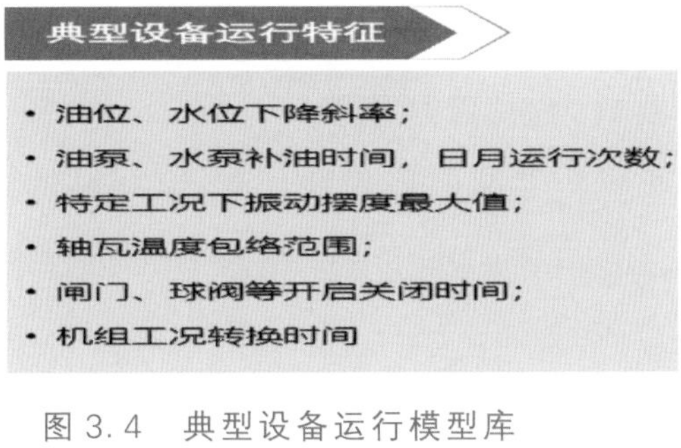

典型设备运行特征

· 油位、水位下降斜率；
· 油泵、水泵补油时间，日月运行次数；
· 特定工况下振动摆度最大值；
· 轴瓦温度包络范围；
· 闸门、球阀等开启关闭时间；
· 机组工况转换时间

图 3.4 典型设备运行模型库

通过采用人工智能算法对设备历史数据进行学习,通过抽取设备运行特征曲线,从多维度和不同工况分析设备性能和效率,实现设备突变趋势、设备缓变趋势、设备运行状态趋势、设备启停间隔变化趋势等预警功能,形成程序化的经验库,实现水电厂设备智能趋势预警知识库,见图3.5。

实现抽蓄机组故障处置辅助决策知识库,当发生报警事件时,提供相关的应急处置指导知识,指导现场人员应该如何操作,如何检查设备等,并能通过相关系统的集成,实现应急处置的流程化、标准化,见图3.6。

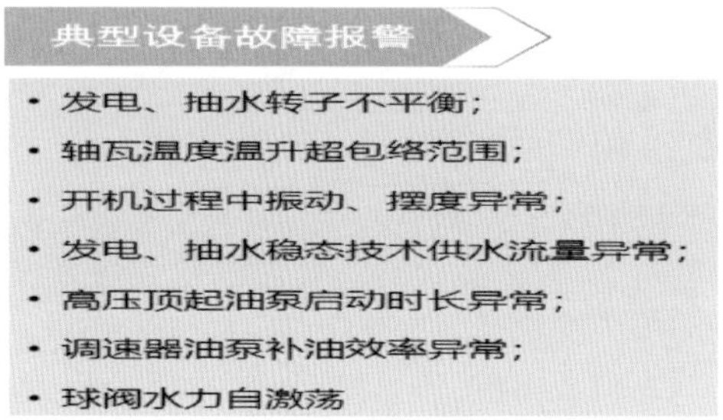

典型设备故障报警	典型故障处置方法
• 发电、抽水转子不平衡;	• SFC输出变火灾故障处置;
• 轴瓦温度温升超包络范围;	• 球阀自激振荡故障处置;
• 开机过程中振动、摆度异常;	• 机组运行时摆度过大故障处置;
• 发电、抽水稳态技术供水流量异常;	• 机组轴瓦温度过高故障处置;
• 高压顶起油泵启动时长异常;	• 机组推力油槽油混水故障处置;
• 调速器油泵补油效率异常;	• 机组运行时推力、上导油槽油位异常故障处置
• 球阀水力自激荡	

图3.5 典型设备故障报警模型库 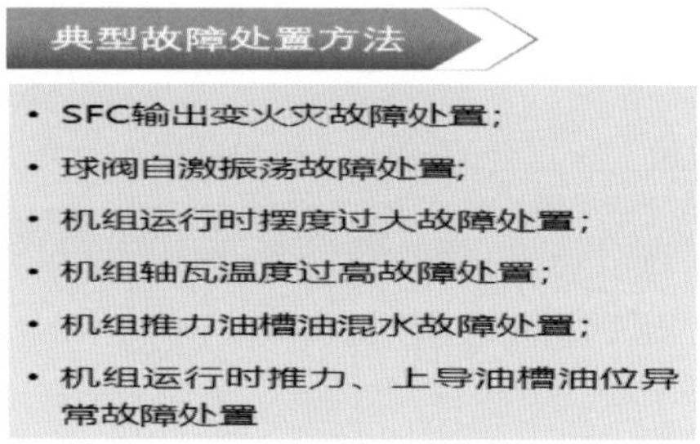 图3.6 典型故障处置方法模型库

主要性能指标:

(1)预警策略数量:>10000 个。

(2)预警策略处理时间:>10000 条/s。

(3)基本属性刷新时间:<2s。

(4)告警光字操作响应时间:<2s。

2. 适用条件或应用范围

(1)适合于抽水蓄能电站的发电电动机、水泵水轮机振动摆度设备及瓦温设备的趋势分析。

(2)适用于抽水蓄能电站的主变压器、主进水阀、调速器系统、顶盖排水系统、技术供水系统等设备使用情况的预警报警分析。

3. 应用注意事项

(1)使用期间需确保各设备间数据网络通畅,网络设备性能达标,避免影响数据的准确性。

(2)机器设备性能需符合设计要求,避免算力问题。

(3)设备接入会涉及生产实时区和非实时区设备,需注意各区间的网络防护隔离。

4. 联系单位及联系方式

国网新源集团科信部。

3.22 基于移动互联网的电缆运行环境状态监测技术

1. 技术原理与特点

基于移动互联网的电缆运行环境状态监测技术以电缆运行环境为监测目标,充分应用融合嵌入式技术、物联网通信技术、无线网络通信技术、通信技术等多种技术,全面感知电缆运行环境(如隧道、沟、井)状态,具备预测、预防、预警功能,防患事故于未然,提高电缆运行的安全性。基于移动互联网的电缆运行环境状态监测系统一旦监测到有异常现象,将会产生报警信号,并发送给电站后端监控管理平台,监控平台将告警信息实时推送到厂站运维人员。本系统涉及无线通信技术、嵌入式技术、网络通信技术、串口通信技术和计算机技术等方面。

通过环境监测传感器实现环境状态识别,传感器主要包括水浸传感器、烟雾传感器、温湿度传感器等。系统采用 IP68 防水外壳包装传感器,通过无线数据传输协议,实现分散的测量终端向数据采集器数据上传操作,省去传统传感器繁琐的布线步骤。

每个电缆运行环境智能盖板内置安装无线水浸及感温感烟监测装置,采集相应位置的烟雾、温度、水位等关键信息,设定需要控制的温度、烟雾度、水位值,对采集到的数据经过算法分析,当检测到被检测值超过设定值时,将告警信号通过无线通讯模块将监测数据及工作参数发送到现场通信集中器,并由现场通信集中器通过无线网络发送至监控后台。

App 移动工具的开发,方便管理人员突破时间和空间的约束,通过广泛应用的智能手机,更方便地了解电缆环境及装置运行情况。

2. 适用条件或应用范围

(1)适用于电力变电站、水电厂(含抽蓄电站)电缆沟、电缆廊道、有限作业空间的环境多参量(气体、设备状态、温湿度、水浸)的远程实时监测预警。

(2)适用于基建期隧道开挖环境的监测。

3. 应用注意事项

(1)布设区域应覆盖移动网络,避免影响数据的实时性。

(2)智能盖板内置模块供电电池使用寿命为 5 年,需定期更换电池。

4. 联系单位及联系方式

国网新源集团科信部。

3.23 三维数字化机组安装辅助信息平台

1.技术原理与特点

通过三维动画演示对机组部件安装工艺进行虚拟仿真演示,以机组三维模型为载体,融合施工图纸、标准规范等的技术要求,提高施工培训效果;构建了大型部件吊装施工预演及冲突提醒模块,提供一个虚拟推演环境,直观可视;通过安装过程信息集成可视化模块构建资料整编通道,将繁杂的整编工作分解在安装过程,减少事后整编的工作量,安装指导文件挂接模型,方便查询提高了资料利用率;将二维码应用在电缆安装过程中,方便电缆安装信息查询。

(1)三维模型轻量化方法。从矢量模型与多边形模型的转换阶段入手,使用先进的镶嵌细分算法,自定义曲面细分等级,从源头减少网格数量。参数化的控制方式可以输出不同精度的模型,可以识别完全被其他物体挡住无法看到的零件并删除,可以对指定尺寸以下的零件快速删除,可以删除指定直径以下的孔洞,可以大幅度优化网格,进行批处理操作。

(2)基于二维码的信息识别。通过将携带机组设备统一编码信息的二维码粘贴在机组设备上,为实体机组绑定唯一身份标志,实现实体机组设备与数字机组信息的关联;通过移动设备扫码,完成机组身份的识别,实现数字机组信息的查询。

(3)数据集成整编方法。通过工程编码和 KKS 编码结合的方式,构建模型的设备树,把模型和实物进行一一对应,将安装过程中的资料集成进对应的设备中,集成的资料包含设备技术资料、施工技术资料、监理技术资料、综合技术资料、WHS 标准、WHS 测量结果、质量验评资料等。

2.适用条件或应用范围

适用于抽水蓄能电站机组设备安装管理过程。

3.应用注意事项

(1)三维可视化演示内容可结合具体电站实际情况需求进行制作调整。

(2)三维数字化机组安装辅助信息平台功能通用性较好,但在具体电站应用时,受现场实际地理空间环境、机组设备规格、施工方案选型的影响,需配套工程服务类项目,跟随机组安装进度,开展机组制造、安装、调试数据的收集、整理、导入、审核的实施服务工作。

4.联系单位及联系方式

国网新源集团科信部。

3.24 抽水蓄能电站基建智能管控中心(安全监测与预警模块)V1.0.0

1. 技术原理与特点

基建智能管控中心分为本部侧应用和电站侧应用,本部侧应用侧重重点施工作业实时视频画面监控,汇集各业务数据,统计分析、展示功能;电站侧应用侧重施工现场安全管控、监管,安全态势感知,违章告警,一键通知,多设备联动等功能。

基建智能管控中心电站侧功能已在河北易县抽水蓄能电站部署试点应用,主要功能包括智能管控中心(大屏)、控制中心(PC)、风险作业可视化管控、三维可视化管控、智能预警联动服务平台(告警联动)、智能管控公共服务平台(系统管理)、视频融合(视频监控)、人车管控(洞室门禁)、融合通信(应急广播)、图像智能识别、智能违章识别、安全风险管控、危险源管理多业务功能应用,最大限度地保证了现场施工安全,减少安全事件、事故的发生。满足了电站安全管控的业务需求,取得了良好的应用效果。大力推进互联网技术和抽水蓄能工程基建业务的融合,引领传统抽水蓄能电站建设创新发展,进一步增强公司的发展动力和核心竞争力。

安全智能管控中心(大屏),宏观概览电站总体运行状况,强化现场安全管控,保障现场安全。概览区,展现抽水蓄能电站整体概况和介绍;视频监控区,多分屏轮巡展现重点区域摄像头实时视频画面;告警显示区,以表格方式滚屏展现告警主要信息;统计分析区,以统计图形式展现;对人员和车辆进行统计分析,展示人员和车辆的进、以统计图形式展现,见图3.7。

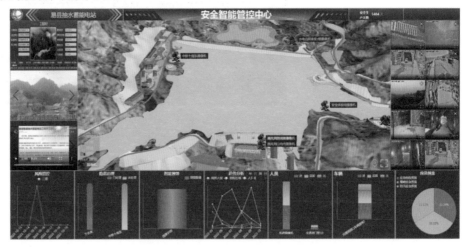

图 3.7 安全智能管控中心(大屏)

（1）控制中心（PC），构建智能预警监测防控体系，引入智能识别、智能预警等新理念，建立标准化、数字化、智能化、协同化的智能预警监测体系，智能分析、智能响应、智能通知、智能处理；汇聚安全违章、风险隐患、进度、质量等预警信息，见图 3.8。

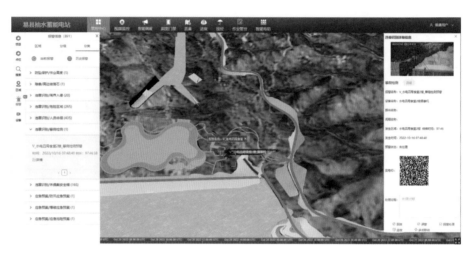

图 3.8　控制中心

（2）视频监控，支持兼容大厂商、多型号视频监控设备，多分屏获取现场实时视频画面，对摄像机云台进行操控，并可对摄像机进行云台操控，集中存储在视频存储服务器上进行统一管理，见图 3.9。

图 3.9　视频监控

（3）洞室门禁，直观展示各区域、洞室实时作业人员数量、车辆数量，以及进出门禁人员、车辆详细信息；对人员门禁、车辆道闸进行开门、关门操作，见图 3.10。

（4）智能违章识别，在传统视频监控系统的基础上，运用计算机视觉和视频分析技术，对实时视频流的图像进行处理，对图像中的目标进行检测、识别，并在此基础上识别、分析目标行为，自动产生预警信息，及时通知相关管理人员，进一步处理预警信息。

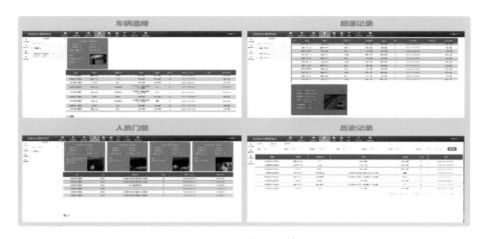

图 3.10　洞室门禁

可进行回放、监控、多点联动等多种管控措施；极大地提高了违章行为处理的实时性和准确性，尽快消除潜在的危险危害，保证人员和设备设施安全。

（5）融合通信，当应急事件发生时，应急指挥中心通过融合通信平台应急广播与应急响应人员进行音频语音通信，掌控现场应急事件动态，进行应急资源调配和人员调度，智能调度平台同时还可以接入智能安全帽、视频、数字电话等通信设备终端。扩展指挥调度范围和能力，见图 3.11。

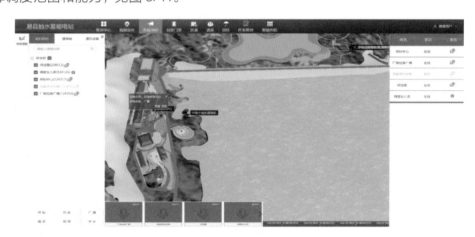

图 3.11　融合通信

2. 适用条件或应用范围

适用于抽水蓄能电站基建期、建筑工地。

3. 应用注意事项

（1）使用期间，软件系统所在网络环境通信正常，网速稳定正常，配有相应的网络安全防护装置。

（2）使用期间，相关业务子系统运行正常，与业务子系统相关联的安防设备运行正常。

4. 联系单位及联系方式

国网新源集团科信部。

3.25 抽水蓄能电站机组检修数字化管理方法

1. 技术原理与特点

抽蓄电站事关国家能源战略发展，在调峰填谷、电力系统节能和电网稳定等领域优势巨大。抽蓄电站主设备检修是一项时间长、任务重、不确定因素多且工艺复杂的机电耦合复杂工程，当前，针对抽蓄主设备检修实施、评估及质效提升缺乏智能化手段，先进检修技术、检修装备应用水平不高，设备故障处置及评估难度大。

通过开展抽水蓄能电站机组检修数字化管理技术研究，研发集抽水蓄能电站三维重构、机组建模、作业推演和资源预测功能于一体的机组大修数字化管理系统，提出了基于多粒子群优化与极限学习机的抽水蓄能机组 A 修工时预测方法，实现了对抽水蓄能机组 A 修工时的有效预测；提出机组检修作业虚拟推演及优化策略方法，实现了检修吊装作业方案的智能优选；构建了抽蓄机组检修动静态综合评估算法，实现了抽水蓄能机组检修效果多层次、多角度、定量、客观地综合评估，综合运用虚拟现实技术实现抽水蓄能机组模型全数字化、信息集成化、维修仿真高逼真度和人机交互自然化，指导检修作业开展及技能培训工作，为抽水蓄能机组安全、高效检修与稳定运行提供重要科学依据和技术支撑，提高电站人员管理、设备检修、资源预估等工作的指挥决策能力，并提升我国抽水蓄能电站安全运行水平，实现电站"电力流、信息流、业务流"的高度融合和数字化智能检修的技术跨越，提升抽水蓄能电站机组大修管理数字化水平及成效。

2. 适用条件或应用范围

适合于常规水电与抽水蓄能站机组等主设备数字化检修。

3. 应用注意事项

（1）需规范抽水蓄能机组检修数字化管理标准，明确数字化检修范围以及要求。

（2）需根据电站实际情况制定数字化检修知识规则。

4. 联系单位及联系方式

国网新源集团科信部。

3.26 无人值守仓储系统

1. 技术原理与特点

为提高抽水蓄能电站机组检修、设备消缺、紧急故障处理效率，快速响应电网调度

需求，维护电网安全稳定运行，天荒坪公司在智慧供应链建设的基础上，积极探索管理创新，应用成熟的物联网技术，通过智能门禁、智能环境、智能货架、智能终端、智能安防五位一体的无人值守仓储系统研发与应用，构建抽水蓄能电站现场"无人值守仓"管理模式，打通物资供应"最后一公里"，实现"24小时随到随领"，见图3.12。

图3.12　无人值守仓储系统图

智能门禁：主要由人员模块、门禁控制、仓储ID扫描模块及警示模块组成。人员认证模块通过可以支持人员通过刷脸、刷卡及指纹方式实现对人员的识别，如果当前人员是允许进入的，就通过门禁控制模块来开门放行。门禁会通过传感器检测到人员的进出，触发仓储ID扫描模块对携带的物资进行扫描，出库物资异常时会进行异常出库提醒。

智能环境：具备仓内温湿度检测、空调联动、人员检测、照明控制的功能。实现仓管员远程查看和调节仓内环境的能力，确保仓内物资存放安全。仓内灯光根据人员位置自动亮起和熄灭，绿色节能环保的同时带来简单舒适的工作环境。

智能货架：在传统隔板货架的基础上，新增声光引导模块、仓储ID扫描模块、物资定位模块、智能货位牌、智能物料显示屏。具备在位物资检测、电子货位牌自定义显示货架物料分类，灯光引导等功能。

智能终端：类似超市、医院的自助终端，为方便领料人员的仓内操作。配置电容触摸屏、扫码枪、刷卡模块、语音模块。领料人员通过人员识别确认是否具有操作权限，直接可以在终端上进行物资查找、物资扫码领取操作，手写签名。

智能安防：智能安防主要由摄像头及硬盘录像机（DVR）构成，可以实时远程监控仓库的现场情况，并支持回放功能，方便后续的追溯。

无人值守仓系统技术上分为展现层、应用层、传输层、感知层。

展现层：通过PC页面、前置终端及移动终端来完成相关人员的业务操作、操作结果展现，从而完成业务操作及相关数据的展现。

应用层：将展现层及感知层的数据通过数据分析、业务流等技术进行处理，从而完

成从展现层进行的操作来驱动感知层的物联网设备进行动作,并对感知层反馈的数据进行处理。

传输层:主要利用现有的数据传输技术,完成各种物联网设备的协议转换。

感知层:感知层部署传感器、控制器等物联网设备,完成对仓库环境、物资的检测及硬件动作的控制。

主要性能指标:

(1)智能门禁:最大可对5000人以上提供访问权限;进入识别时间小于0.5s;可识别距离0.2~1cm;留存访问记录大于50000人次。

(2)智能货架:每层货位承重不小于500kg,可自动识别货物是否在位,且具备货位引导指示功能。

(3)智能安防:历史监控视频留存期间不小于1个月。

(4)自动盘库偏差率小于5%(不可识别货位数/货位总数)。

2.适用条件或应用范围

适用于物资仓储管理领域。

3.应用注意事项

(1)所有智能设备放置位置必须保持干燥通风、避免强电磁干扰。

(2)确保网络畅通,避免出现断网现象,影响物资的查询、定位及盘点。

(3)在架物资不宜叠放,避免遮蔽仓储ID电子标签导致系统无法扫描。

(4)制定无人值守仓的管理规定及领料流程。

4.联系单位及联系方式

国网新源集团科信部。

3.27 NES-8100CN 励磁系统

1.技术原理与特点

参考现有大型发电机组励磁调节装置的硬件结构和软件原理,对其中的关键芯片,如CPU、DSP、FPGA、ADC等,从技术性能参数、软硬件接口、外设丰富度等方面进行选型分析,选可用的自主可控芯片型号。

板级支持包开发、安全操作系统适配及优化技术研究、软件分层架构设计,开发定值管理等系统管理模块,开发录波等通用应用模块,开发支撑产品稳定运行的励磁信息综合管理系统。 在自主可控软硬件平台基础上,研究从32位处理器到64位处理器的程序适配技术,开发励磁系统闭环控制程序,开发各辅助限制环节控制程序,开发电力系统稳定器控制程序,开发冗余与故障监测功能,通过国网涉网性能试验、型式试验及国

产化认证，见图 3.13～图 3.16。

图 3.13　首套全国产 650MW 水电励磁系统在糯扎渡投运

图 3.14　首套全国产 700MW 水电励磁系统在糯扎渡投运

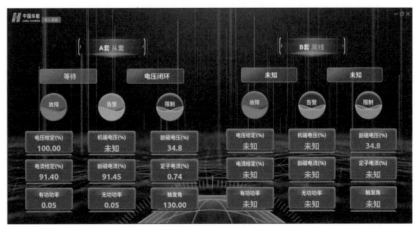

图 3.15　首套全国产大型发电机组励磁系统人机界面

图 3.16　国产化励磁系统检测报告

研究整流装置的实际运行工况对晶闸管等核心器件的性能参数要求；研究大功率晶闸管等核心器件的测试筛选方法；联合国内主流厂商完成国产晶闸管的性能研究，进行国产器件与进口器件的对比性试验，优选出与主流国外性能相当的晶闸管，实现国产化替代；结合当前已成熟应用的国产快熔及冷却风机，实现整流装置的全国产化替代；设计研制全国产化的励磁整流装置。

从性能、功耗、安全可靠性等方面，研究灭磁装置的实际运行工况对磁场断路器、灭磁电阻等核心器件的性能参数要求；研究磁场断路器、灭磁电阻等核心器件的测试筛选方法；研究不同国产厂家的磁场断路器，灭磁电阻等主要元件特性，通过设计计算、验证和选取合适元件参数型号，确保所研制的灭磁装置安全可靠运行。

基于全国产软硬件的大型水电站励磁调节器及人机界面研制；晶闸管整流装置、灭磁及过压保护装置内所有器件的国产化替代；自主可控励磁系统的设备生产及示范应用。

主要性能指标：

（1）自主可控励磁系统控制器的主要指标如下：电压响应时间不大于 0.1s；5%空载阶跃响应，定子电压上升时间不大于 0.5s，振荡次数不超过 3 次，调节时间不超过 5s，超调量不超过 30%；国产化率 100%。

（2）研制出励磁系统整流装置样机 1 台，设备的主要指标如下：额定输入电压不低于 700V，额定输出电流不低于 1800A，强迫风冷。

（3）研制出励磁系统灭磁装置样机 1 台，设备的主要指标如下：灭磁容量不低于 3MJ，灭磁电压不低于 1500V。

2. 适用条件或应用范围

适用于发电机励磁系统，包含大型水电机组、抽水蓄能机组、火电机组等。

3. 应用注意事项

（1）调节器功耗稍微偏大。

（2）运行时间短，板卡使用时长检验不够。

4. 联系单位及联系方式

国电南瑞科技股份有限公司南京电气控制分公司。

3.28 消防智慧管控平台系统

1. 技术原理与特点

辽宁屹安智能科技有限公司研究开发的"消防智慧管控平台系统"是公共安全管理领域中突破传统，具有创新管理思维形式的一项产品。汇集整合了消防各子系统终端、安防各子系统终端、配合 3D 地图可视化定点定位部署、合理规划应急方案等一系列功能呈现的集成产品。系统软硬件通过了中国电力科学研究院、中国科学院沈阳自动化研究所、武汉电力工业电气设备质量检验测试中心、应急管理部沈阳消防研究所、辽宁省计量院等多家机构检测，应用在丰满水电站全面治理（重建）工程智慧消防项目、国网东北分部长甸发电厂智慧消防项目、国网新源控股吉林敦化抽水蓄能电站智慧消防平台项目中，达到预期效果。

产品特点是三维集成、实时感知、及时分析、事故预警、演习培训、决策助手。通过信息感知设备，消防系统远程规约，连接物、人、系统和信息资源，把消防设施与互联网连接进行信息互换，实现将物理实体与虚拟世界的信息进行交换处理并做出反应的智能服务系统，见图 3.17。

图 3.17 智能服务系统

集成消防物联网系统接收、分析处理消防设施和巡检信息，并进行安全巡检监管。保存数据权限上传，能够实时获取消防设施的运行状态信息，合理规划应急方案，见图 3.18。

图 3.18　消防智慧管控平台系统

平台支持多种品牌设备的兼容统一信息管理、状态监控，实时化远程管理，见图 3.19。

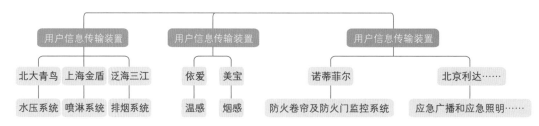

图 3.19　消防智慧管控平台品牌设备

2. 适用条件或应用范围

适用于水电站厂房、车间等办公区域。

3. 应用注意事项

无。

4. 联系单位

辽宁屹安智能科技有限公司。

3.29　水泥灌浆智能控制关键技术与成套装备

1. 技术原理与特点

（1）建立三区五段灌浆工艺控制模型。建立了水泥灌浆工艺控制模型 iGCM（图 3.20），以作用于一个灌浆段上的实时灌浆能量（灌浆压力 P × 单位注入率 Q，MPa·L/min）作为灌浆过程控制指标，通过 PQ 上下限、最大允许注入率和设计灌浆压力，分为快速升压区、稳定灌浆区和灌浆风险区三个区间，并将灌浆过程划分为与地层灌浆特性相对应的 A 阶段（宽大裂隙、无压无回）、B 阶段（较大裂隙、大注入率）、C 阶段（一般裂隙、稳定范围）、D（细微裂隙、小注入率）、E 阶段（致密岩体、屏浆结束）五个阶段，达到裂隙充填饱满、岩体密实、结石致密。iGCM 对灌浆参数的实时定量及工艺过程的标准化，奠定了水泥灌浆施工智能化管理的基础。

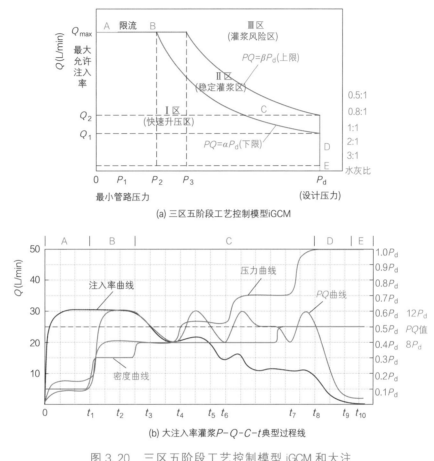

(a) 三区五阶段工艺控制模型iGCM

(b) 大注入率灌浆 P-Q-C-t 典型过程线

图 3.20　三区五阶段工艺控制模型 iGCM 和大注

入率灌浆 P-Q-C-t 典型过程线

（2）建立 P-Q-C-t 四参数智能联控灌浆方法。提出了正常灌浆过程压力 P-注入率 Q-浆液密度 C-历时 t 联动智能控制方法（表3.3），基于设计要求实时选择与地层可灌性相适宜的浆液密度和灌浆历程（ABCDE、BCDE、CDE、DE 或 E），实现了灌浆路径智能寻优。

表 3.3　　　　　　　　　　灌浆模型 P-Q-C-t 联动实时控制方法

阶段	特　征	范　围	联动控制方法	特殊情况处置
A	大注入率无压无回分流控制	压力<0.1P_d 或 0.3MPa，注入率>30L/min	限流（30L/min）措施，10min 内压力无明显变化越级变浆	大注入率处理，最浓比级后注入量 800kg/m 待凝
B	大注入率 P-Q 调节限流	注入率约 30L/min，压力 0.1～0.4P_d	控制注入率 30L/min，10min 内压力无明显变化，变浆	

续表

阶段	特　征	范　围	联动控制方法	特殊情况处置
C	稳定灌浆	灌浆压力为 $0.4\sim1.0P_d$，注入率为 $12\sim30L/min$	按 PQ 控制升压，压力升至 PQ 上限，稳压至流量降低到 PQ 下限再升压至 PQ 控制上线，直至达到灌浆结束条件，某一比级下 PQ 不变，注入量达 300L 或 30min 变浆	
D	设计压力下小注入率灌浆	P_d 下注入率为 $1\sim12L/min$	某比级下 PQ 值 30min 内不变，密度连续递增，回稀或换新浆	失水回浓处理
E	屏浆	P_d 下注入率小于 $1L/min$	屏浆，延续一定时间结束	

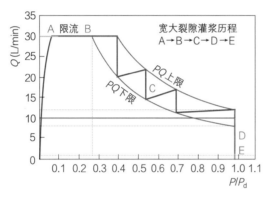

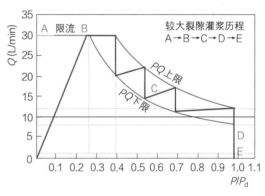

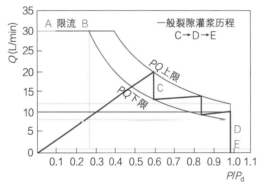

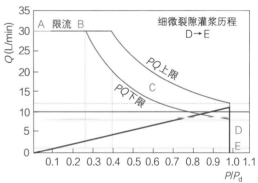

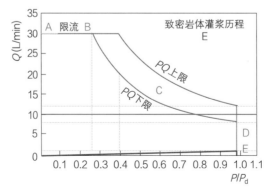

图 3.21　五类地层对应的五类灌浆历程

（3）建立特殊情况智能识别应对机制。 水泥灌浆智能控制系统制定了涌水、抬动、劈裂、注入率陡降、失水回浓、大注入率等六种特殊情况的判定标准、优先级别、切换条件和处理流程（图3.22），通过对灌浆压力、注入率、浆液密度、浆液温度、岩体抬动以及灌浆历时等参数的实时监测，实现了灌浆特殊情况的智能识别和实时处理，做到了正常灌浆和特殊情况灌浆一体化智能控制。 其中，通过实时监测浆液温度，当浆液温升到10℃或绝对温度超过38℃时，报警并做弃浆处理；久灌不终一般由于返浆回浓且动态配浆造成长时间达不到屏浆条件，按失水回浓策略处理。

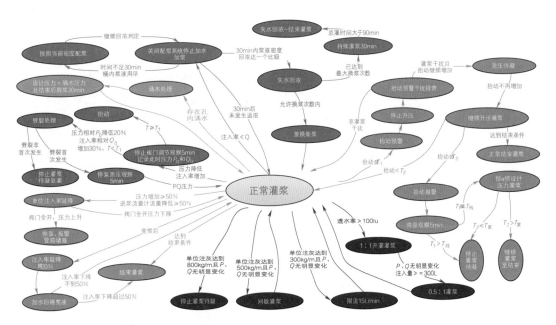

图3.22 六种特殊情况灌浆判断指标、判定标准处理策略

（4）研发水泥灌浆智能控制成套装备。 水泥灌浆智能控制系统由智能灌浆单元机 iGC 及智能灌浆管理云平台 iGM 组成，具有自动化、集成化、智能化及可操作性强等特点。 智能灌浆单元机 iGC 实质上是集成式的智能灌浆系统成套设备，由控制柜（配浆变浆控制、压力控制）、传感器柜（压力计、流量计、高压阀门）、数据处理中心（工艺控制系统、灌浆数据 记录、通信传输系统）、一体式配浆桶（压差式密度计、温度计、进浆阀及进水阀）等4部分独立组成。 集合感知、分析和控制等各功能于一体，将灌浆工艺智能控制系统、压力自动控制系统、自动配浆系统和灌浆数据处理中心集中在一个平台，实现智能控制。 智能模式一键启动，实现裂隙冲洗、压水、配浆、变浆、灌浆和封孔等全过程智能控制，见图3.23、图3.24。

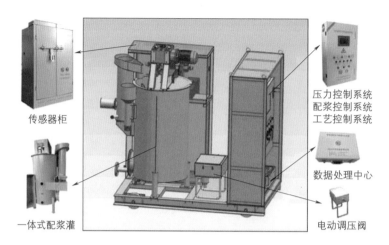

传感器柜

压力控制系统
配浆控制系统
工艺控制系统

数据处理中心

一体式配浆灌

电动调压阀

图 3.23　集成式智能灌浆单元机 iGC 的系统组成

图 3.24　智能灌浆单元机 2.0 版

　　智能灌浆管理云平台 iGM 可实现灌浆施工全过程数字化远程遥控智能管理。云平台 iGM 融参数在线采集、过程监控预警、分析反馈评价为一体，最终达到远程监控灌浆设备运行状态、自动采集施工全过程数据、在线分析灌浆成果数据、自动生成工序验收报表、异常情况自动报警预警，有效提升灌浆过程管理和成果统计效率（如计量结算、物资核销），促进灌浆数据在参建各方及时流转及时指导灌浆施工，实现了灌浆施工全过程管理的数字化、透明化，见图 3.25、图 3.26。

　　主要性能指标：

　　与人工灌浆手动控制相比，智能灌浆具有灌浆质量可靠、成果真实，综合造价低，以人为本、资源节约、环境友好等优势，相关技术性能指标及先进性详见表 3.4。

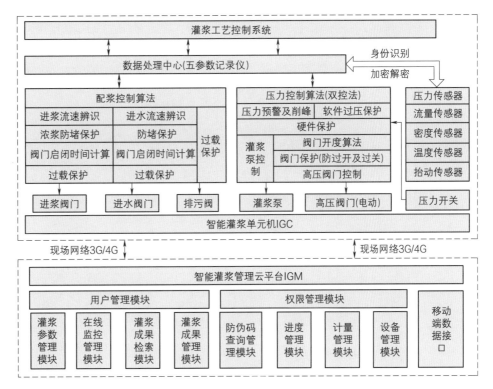

图 3.25 系统内灌浆参数逻辑控制关系

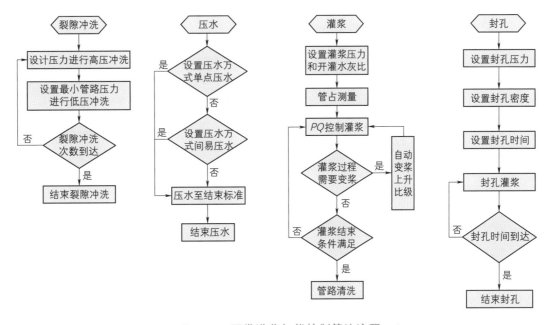

图 3.26 正常灌浆智能控制算法流程

表 3.4　　　　　　　　　　水泥灌浆智能控制成套装备技术指标及先进性

主要技术指标		人工灌浆		智能灌浆	
		控制方式及效果	痛点与难点	控制方式及效果	技术进步性
工艺控制	压力控制	人工控制:误差约20%,瞬时压力波动±50%	控制精度低,易造成地表抬动	自动控制:误差5%,瞬时压力波动±20%	无人操作,精准控压,自动控制,杜绝超压
	浆液配置	人工控制:浆量和密度误差±10%	配置过程脏乱差,配置精度不高	自动控制:配浆量和密度误差±2%	无人操作,高效精度动态配浆,减少弃浆
	过程控制	升压变浆结人工控制:随意性大	记录工作强度大且易出错,经验性强	智能控制:模型控制,规范智能	一键启动智能灌浆,无人操作,专人值守
	防伪技术	受人为影响严重	真伪判别缺乏有效手段	加密解密防伪传输	传感器主机自识别,移动防伪查询
	传输系统	两参数、三参数模拟记录易伪造	传输易引入误差,易插针模拟器作假	五参数数字记录仪,远程实时监控	数字信号加密传输,安全性稳定高性
	成果分析	人工整理,纸质资料交存	及时性差、不便实时分析	无线传输,在线分析整理	成果在线分析整理,工序报表自动生成
节能环保	用水排污	工作面冲洗用水多,排污量大,大功率排污泵排污		废浆有序排放,工作面干净,用水节约20%	
	浆液损耗	浆液损耗约70L/段		浆液损耗约40L/段	
	文明施工	施工场地脏乱差,工作面浆液沉积污染严重,废浆排放量人		设备管路布置有序,废浆有序排放,工作面干净整洁,弃浆量小	
综合成本	节约人工	完全依赖人工		用工减少83%(人工成本降低约35.5元/m)	
	管理成本	工作面分散,灌浆成果现地检查,纸质化传递		可视化作业,灌浆成果实时在线查看,无纸化(管理成本降低约20%)	
	综合成本	考虑设备摊销后灌浆成本降低约32.68元/m			

2.适用条件或应用范围

本成果主要应用于水利水电工程(含抽蓄项目)水泥灌浆施工,可在露天坝面和狭窄廊道等不同场景使用,将"作坊式"人工灌浆提升为"集成化"智能灌浆,对保障灌浆工程质量、减轻工人劳动强度、提高灌浆施工效率、改善灌浆作业环境具有重要意义。此外,除水电工程外,水泥灌浆在铁路、隧道、港口、地铁等各项基础设施建设中也广泛应用。

3. 应用注意事项

（1）在水泥灌浆智能控制装备基础上，建立智能制浆输浆辅助系统，可实现整个水泥灌浆施工过程的智能控制，提升智能灌浆系统运行效率。

（2）智能灌浆系统的运行逻辑、规则过于复杂，需配套编制智能灌浆技术导则，优化灌浆工艺控制流程。

4. 联系单位及联系方式

中国三峡建工（集团）有限公司。

3.30　TG 系列自主可控可编程智能控制器

1. 技术原理与特点

TG 系列自主可控可编程控制器包含大、中、小型全谱系产品（图 3.27～图 3.29），是国资委重点专项关键技术成果之一，搭载国产 Linux 操作系统，以及自主可控编译系统内核。全谱系产品均为 100% 国产化，具有完全自主知识产权，处理速度快、性能稳定、安全可靠，已应用百万千瓦水电机组、陆上风电主控系统等场景。主要技术特点如下：

图 3.27　TG 系列大型自主可控可编程智能控制器

图 3.28　TG 系列中型自主可控可编程智能控制器

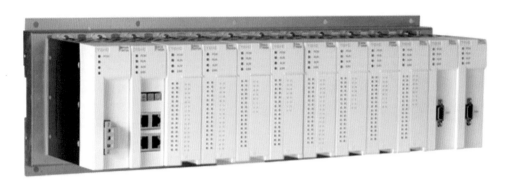

图 3.29　TG 系列小型自主可控可编程智能控制器

（1）基于以太网通信网络，实现多种拓扑结构，实现高速、高冗余和抗干扰通信。

（2）通过两条专用的总线和专用模块，实现主、从热备冗余功能。

（3）采用复合高强度阻燃高分子材料。

（4）模块化安装结构，针对特殊应用场景预留接入接口，能支持方便的扩展和安装需求。

（5）支持市场上主流协议，可以进行广泛的现场适配。

（6）本体扩展最大支持 30 个模块接入，满足大量点位的接入需求。

（7）完备的单板测试工装。

（8）支持高级功能扩展，对运动控制，CCD 等场景提供了硬件支持。

（9）具备断电数据保持功能，无需专用电池，轻松实现断电数据永久保持。

（10）编译软件人性化设计，简单易用。

主要性能指标：

（1）小型 PLC。

位指令速率：0.03μs。

程序存储空间：2MB。

通信接口：Ethernet、RS232/485。

通信协议：Modbus、RS485、RS232、Profibus DP、EtherCAT 、Ethernet、EtherNet/IP 等。

编程语言：LD、ST、IL、FBD、SFC。

（2）中型 PLC。

位指令速率：0.01μs。

程序存储空间：4GB。

通信接口：Ethernet、RS232/485、CAN。

通信协议：Modbus、CANopen、RS485、RS232、Profibus DP、EtherCAT 、Ethernet、Et-erNet/IP 等。

编程语言：LD、ST、IL、FBD、SFC。

（3）大型PLC。

位指令速率：4ns。

程序存储空间：8GB。

通信接口：Ethernet、RS232/485、CAN。

通信协议：Modbus、CANopen、RS485、RS232、Profibus DP、EtherCAT、Ethernet、EtherNet/IP等。

编程语言：LD、ST、IL、FBD、SFC、CFC、C/C＋＋。

2. 适用条件或应用范围

该技术可运用于过程控制、分布式控制等工控系统领域，在水电行业，适用于水轮机调速器、监控系统及辅控系统。

3. 应用注意事项

工作环境温度为－40～65℃，安装时不能放在发热量大的元件下面，四周通风散热的空间应足够大。

空气相对湿度应小于95％（无凝露）。

远离强烈振动源，当使用环境不可避免振动时，采取必要的减振措施。

4. 联系单位及联系方式

三峡建工机电技术中心。

4　节能环保、旧机改造与其他新技术

4.1　植被混凝土生态防护绿化技术

1. 技术原理与特点

受限于水电施工特性及复绿技术,电站建设完成后遗留大量岩质或混凝土边坡。 传统施工中,对于岩质边坡或混凝土边坡通常采取两种方式进行处理:一种是通过生态的自然恢复,但这种方式往往需要上百年时间,复绿周期长,并不满足新时代生态文明建设要求;另一种是通过人工辅助复绿,现在国内外常采用的复绿方法均存在喷层强度低、不抗冲刷、保水性能差等特点,在强降雨和台风天气下极容易出现喷层流失、垮塌等情况,造成二次返工,最终导致边坡复绿效果较差。 因此,为实现对岩质边坡或混凝土边坡有效复绿,满足国家生态文明建设要求,急需寻求一种抗冲刷能力强的新复绿技术。

植被混凝土生态防护绿化技术是采用特定混凝土配方和混合植绿种子配方对岩质(或混凝土)边坡进行防护和绿化的新技术,该技术核心是通过掺拌混凝土绿化添加剂(中和水泥碱性),增加植被混凝土中水泥含量,进而增强植被混凝土层护坡强度和抗冲刷能力,使其在不龟裂的同时,改变其物理、化学特性,营造较好的植物生长环境。

主要性能指标:

(1)物理性能:容重 14～15kN/m³,孔隙率 30%～45%,性能稳定,抗湿变、抗光照性能好。

(2)力学性能:实验室试验强度为 7d,0.3MPa;28d,0.45MPa。

(3)边坡浅层防护功能:植被混凝土为挂网加筋混凝土,加上生长的植被能有效地防御暴雨冲刷、太阳暴晒、温度变化、不龟裂,其抗冲刷能力能抵御 110mm/h 降雨。

(4)植物生长指标:植物发芽率 90%,植物覆盖率 95%,土壤肥力合理,植物多年生情况良好。

2. 适用条件或应用范围

该技术适用于坡度为 85°以下的各类岩石或喷混凝土边坡。

3. 应用注意事项

(1)该技术虽适用于坡度为 85°以下的边坡,对于直立边坡以及存在反坡的不规则边坡,复绿效果稍微差一些。

(2)喷层在喷播结束后强度未上来之前,在强雨水冲刷下还是可能造成局部剥离,所以需要及时进行无纺布覆盖。

(3)避免在低温气候下进行施工。

(4)加强生长过程中的洒水养护管理。

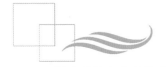
4. 联系单位及联系人

国网新源集团科信部。

4.2 回龙抽水蓄能电站机电设备综合改造关键技术

1. 技术原理与特点

我国抽水蓄能发展初期阶段,受限于技术水平,防水淹厂房体系建设滞后,地下厂房存在严重安全风险。多个抽水蓄能电站由于各种原因出现过地下厂房部分泡水情形,随着我国抽水蓄能事业的跨越式发展,全面梳理我国抽水蓄能电站水淹厂房安全隐患,研究建立健全抽水蓄能电站地下厂房防水淹厂房安全应急体系迫在眉睫。

该项目基于工程实际需求,立足解决现有工程实际痛点,为抽水蓄能电站机电设备综合改造提供指导。该项目以实际工程项目为依托,提出了抽水蓄能电站防水淹厂房事故专项措施,健全了防水淹厂房安全应急体系,为设计、施工和运行提供了工程范例;解决了发电电动机安全、经济和环保运行难题;提出了适应既有环境的螺栓联结型式,研究应用激光跟踪仪测距和螺栓测长孔技术,解决了狭窄空间内座环顶盖紧固件扩孔定位和螺栓均匀预紧问题,保障了水泵水轮机主要部件联结螺栓安全;研究了发电电动机抽水方向快速可靠并网方法;采用具有发明专利的热管自冷功率柜降低了励磁柜温度,见图4.1~图4.3。

图4.1 发电电动机上机架支撑改造关键技术——阻尼器技术照片

图4.2 狭窄空间水泵水轮机座环孔扩孔技术照片

2. 适用条件或应用范围

(1)激光跟踪仪测距和螺栓测长孔技术适用于解决狭窄空间内座环顶盖紧固件扩孔定位和螺栓均匀预紧问题,可保障水泵水轮机主要部件联结螺栓安全。

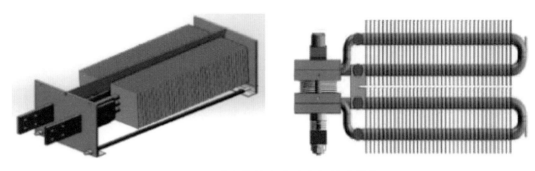

图 4.3　励磁热管自冷功率柜技术照片

（2）热管自冷技术适用于降低励磁功率柜温度；滑差控制技术可大幅度缩短了抽水方向同期并网时间。

（3）上机架径向支撑阻尼器取代千斤顶减振技术可适用于降低高转速发电电动机振动。

3. 应用注意事项

（1）加强重要部位螺栓需要设计、检验和安全复核。

（2）确保厂用电系统安全、各闸门紧急落门功能正常、工业电视对准关键位置且摄像头防水等级高、地下厂房排水功能正常和防污染措施到位。

4. 联系单位及联系人

国网新源集团科信部。

4.3　适应电网调能的宽裕度高稳定大型混流式水轮机改造关键技术

1. 技术原理与特点

当前，国内早期投产的大型水电站，均面临老旧设备运行不稳定和缺陷隐患频发难题，为满足运行条件，必须加大机组检修频次，对转轮等水轮机部件频繁拆卸、修补，检修维护费用成倍增加且无法彻底根除设备隐患。研发新型混流式水轮机是适应电网灵活调度的迫切需求，解决混流式水轮机转轮空化气蚀、导叶漏水量大、叶片裂纹等重大隐患是改善水轮机性能的重要难点，研究水轮机的高稳定性宽范围调节关键技术是电网安全稳定运行的重要保障。

该项目定量分析了叶片脱流、涡带等影响，解决了水轮机稳定运行区叶片进口背面脱流问题，通过改变转轮进口相对液流角有利于改善水轮机的稳定性能，降低背面脱流现象发生的概率。创造性的发明了叶片双反向C翼型结构，曲面叶片上冠及叶片进口呈

反向C翼型,可以改善低水头大负荷工况的曲面叶片进口流态,有效避免工作面出现二次流现象;改善低水头大负荷工况无叶区压力脉动,避免过早出现压力脉动幅值增大的趋势;优化叶道涡的初生和发展线范围,弱化叶道涡对机组稳定运行的影响;在上下侧可以适当减小曲面叶片进口入流角,提高大负荷工况下转轮的水力性能;开发出斜线型活动导叶立面刚性密封结构,在导叶尾部出水边加工出斜线,垂直方向上导叶上端面斜线的斜率比下端部斜线稍大,中间部分渐变,导叶头部理论密封点处附近按平面加工,可使得导叶尾部完全与导叶头部接触,达到优良的封水效果。

适应电网调能的宽裕度高稳定大型混流式水轮机改造关键技术与应用是发明了一种新型转轮,将涡流强度分析模型、背面脱流分析方法、叶片出口环量分布影响规律集成应用于水轮机的改造设计;斜线型活动导叶立面刚性密封结构,彻底根治了活动导叶密封效果差、漏水量偏大的设备顽疾;开发的专用设计软件,有效改善了叶道涡和尾水管压力脉动,有效降低了空化汽蚀影响,大幅提升了水轮机运行稳定性和调节裕度,增强了电网灵活快速调节能力。

主要性能指标:

(1)转轮额定单位流量与最优单位流量比为1.43。

(2)水轮机稳定运行区间拓宽到25%～100%额定负荷。

(3)额定水头下的导叶漏水量为0.43‰。

(4)叶道涡在25%～100%额定负荷运行区域不出现叶道涡。

2．适用条件或应用范围

(1)适合国内早期投产的大型水电站技术改造。

(2)适用于存在空化气蚀、导叶漏水量大、叶片裂纹等重大隐患的混流式水轮机转轮。

(3)适用于存在宽范围负荷调节要求的混流式水轮机设计、研发及应用。

3．应用注意事项

应用时应考虑水轮机设计水头选取范围。

4．联系单位及联系人

国网新源集团科信部。

4.4 有毒有害气体防护与空气环境治理技术

1．技术原理与特点

抽水蓄能电站厂房等施工区域有毒有害气体防护技术与空气环境治理问题一直备受关注。地下洞室群施工十分复杂,作业面多,钻孔、爆破、装渣、运输、喷锚支护、二

次衬砌等多道工序平行作业，施工中产生的有害物质不仅有爆破后的气体，还有装渣机和汽车等机械化设备排放的气体、烟气、混凝土作业中产生的粉尘、氡气等。

洞室内的空气环境直接影响工程建设人员的身体健康和设备的运行效率和运行安全，影响电站工程建设的施工进度。为了改善洞内空气环境，必须研究地下洞室内有毒有害气体的组成成分及各有害气体的浓度、有毒有害气体的运移与聚集规律、温湿度输运规律、空气环境影响因素等，从而制定出改善洞室内空气环境的通风设施配置方案。同时建设有毒有害气体在线监测系统，实时掌握有毒有害气体浓度情况，为实时优化通风系统运行提供技术量化指标支撑，以达到创造良好的作业环境，保障施工人员的健康和安全，维持机械设备的正常运行，保证工程的进度目标。

通过了解和掌握抽水蓄能电站地下厂房等施工区域有毒有害气源变化规律及影响因素，根据现有有毒有害气体防护技术与空气环境治理措施，制定全厂自动连续检测方案，对地下厂房不同施工区进行了全年多种工况下有毒有害气体的持续采集，包括不同季节气候条件，不同施工作业等工况；提出地下厂房施工期有毒有害气体数值建模方法，通过检测数据研究与数值建模分析的方法，分析了施工期空气环境有毒有害气体源以及影响因素问题，研究了不同气候、施工工况下有毒有害气体集聚与迁移机理，以及温湿度的分布特征；通过施工区域有毒有害气体迁移与集聚规律研究，数值模拟分析通风系统优化配置方案，提出施工区域有毒有害气体防护技术与空气环境治理措施的改进方法和原则。创造良好的作业环境，使施工区域全厂有毒有害气体含量与空气环境质量满足施工人员的健康和安全，维持机械设备的正常运行，保障施工进度的目标。

综合前期现场测试数据、模型仿真计算、理论基础分析，提出地下厂房施工区域有毒有害气体检测和防护方案，提出通风系统配置的基本原则，选取适用于金寨电站工程的最优方案，为抽水蓄能电站地下厂房施工区域空气环境改善和有毒有害气体治理提供有效措施及建议，并结合仿真结果进行优化。

2. 适用条件或应用范围

（1）适用于抽水蓄能电站或者常规水电站地下厂房等地下施工区域施工期间有毒有害气体通风配置或运行方案编制或运行优化。

（2）可用于指导地下厂房等各个时期有毒有害气体的在线监测方案设计及监测系统配置。

3. 应用注意事项

（1）地下厂房有毒有害气体检测及防护对抽水蓄能电站安全可靠建设具有重要意义，应加强地下厂房施工期空气环境在线检测与防护，建立有毒有害气体自动报警系统，同时控制通风系统运行。

（2）针对不同施工工况提升施工期通风系统优化运行效率，主厂房贯通后地下厂房

气流组织复杂,不利于有毒有害气体排出,需要进一步深入研究机电安装阶段有毒有害气体迁移规律,加强有毒有害气体防护治理,确保抽水蓄能电站的施工安全与质量,进而保证电站建成后长久安全运行。

4. 联系单位及联系人

国网新源集团科信部。

4.5 抽水蓄能水库结合开发光伏电站初步研究

1. 技术原理与特点

光伏发电是我国重要的战略性新兴产业,大力推进光伏发电的应用,对优化能源结构、保障能源安全、改善生态环境、转变城乡用能方式有着重大的战略意义。 分布式的光伏发电应用范围广,在城乡建筑、工业、交通、公共设施等领域都有广阔的应用前景,既是推动能源生产和消费革命的重要力量,也是促进"稳增长、调结构、促改革、惠民生"的重要举措。

水上光伏发电项目将光伏与水面相结合,采用特定的支撑方式使得太阳能组件可以稳定地浮于水面上。 目前日本、印度、巴西以及一些欧洲国家都在大力发展漂浮式水上光伏,中国起步比较晚,但是也在着手发展此类项目。

国家电网公司现有抽水蓄能电站20余座,并且在未来10年中又将迎来抽水蓄能电站建设的快速发展期。 在抽水蓄能电站水面建造水上光伏系统,则既利用了闲置水面面积,又带来了经济收益。 同时,水上光伏作为较新的技术,国内在此领域的技术与数据均不完善,目前所使用的水上光伏系统仍存在很大的改善空间。

该项目将针对抽水蓄能电站光伏项目的水体蒸发、水体污染、光伏组件的效率变化和整体稳定性等多个方面进行试验,补充数据,对水上光伏电站在抽水蓄能上库的建设是否经济可行具有重要意义,对国内水上光伏电站的推广与建设具有很好的指导性,同时为以后国网公司水上光伏的建设提供实验依据和决策支持。

抽水蓄能电站水上光伏项目,是两种清洁能源项目的结合,与陆上或屋顶光伏电站相比,更具有发展潜力和应用前景。 其中水上光伏电站主要包括四个主要组成部分:漂浮系统、系泊系统、光伏系统和水下电缆。

漂浮系统包括太阳能电池板支架和浮体两部分,浮体为中空的聚乙烯结构,具有相同规格的浮体可在水面上连接成为一个整体,为整个水上光伏电站提供浮力,并能保证使用年限到达之后百分百的回收率且不会污染水质,太阳能电池板支架用于支撑和固定太阳能电池板组件。 在需要对太阳进行追踪时,漂浮系统还可以人工或自动调整太阳能电池板的朝向,由此提高发电量。 系统利用锚件和钢索将整个漂浮系统固定在水面上,

以防止漂浮系统在水面上由于风力、水面波动或水流而发生移动或转动，确保太阳能电池板的朝向始终保持在特定的角度上。 光伏系统是太阳能的发电系统，即太阳能电池板，用以将光能转换为电能。 水下电缆用于传输电能，将太阳能电池板产生的电能传回变电站。 对于抽水蓄能电站上的水上光伏电站，其水上光伏电站所产生的电能可直接并入抽水蓄能电站的变电站中。

2. 适用条件或应用范围

适用于抽水蓄能电站水库。

3. 应用注意事项

（1）水面蒸发率，根据抽水蓄能水库的转化效率计算出该蒸发量对应的电能，计算出此部分蒸发量带来的经济效益。

（2）水体环境研究，此部分数据作为判断水上光伏系统对水质是否有影响的判断依据。

（3）水体冰情，研究结冰后不能进行日追踪的情况对发电效益的影响，以及结冰过程的膨胀效果对浮体等结构的受力影响，以确保在结冰情况下光伏电站的正常运行。

4. 联系单位及联系人

国网新源集团科信部。

4.6 水轮机通用电动机械盘车装置

一、成果主要内容

1. 技术原理与特点

该项目通过对盘车装置的不同应用类型、不同大小、典型特点及体系结构系统研究，成功研制了一套以双钩电动机械盘车装置为基础三站机组盘车的水轮机电动通用机械盘车装置，通过变频驱动器驱动电机工作，全部6个电机均设有独立的通断开关，可实现任意组合使用及位置调换，以达到盘车时力偶平衡的效果。 通过更换不同的转换装置，即转接底板和转接法兰，来实现三种不同尺寸机组的盘车问题。

主要性能指标：

（1）实现公司所辖电站的自动盘车装置通用化及模块化。 同一盘车装置，通过更换不同的转换装置，来解决三种不同尺寸机组的盘车问题。

（2）实现盘车装置受力点自动液压/机械校正及纠偏。 通用水轮机电动机械盘车装置因要考虑多台通用，有可能遇到机组同轴度特别差的情况下，装置本身的中心调节裕

度不够，装置的主动柱与被动块将不能同时良好接触，一边受力的情况，此次将在驱动法兰的主动柱与从动法兰被动块上增加液压联通平衡装置，装置本身有 30mm 行程，安装前用手压泵将两头探出 5mm 行程，机组盘车时当受力点不均匀时液压联通平衡装置会自动平衡均压受力点，以达到矫正、纠偏的效果。

（3）实现发电机轴水平自动测量功能。 通用水轮机电动机械盘车装置将自带水平仪装置，并设计水平调整垫片，以确保装置与发电机轴端面及上机架的平行。

（4）实现盘车装置在不同机组上的精确转换、定位、对中。 盘车装置有三套不同尺寸的转接法兰，通过更换不同的转接法兰，以保证主轴任意角度停置盘车工具都可以方便与主轴定位、对中连接。 同时盘车装置在设计时会留有安装调整裕度，安装后将现场加工定位销，以确保与机组的同轴度。

（5）实现盘车 360° 任意角度测量功能。 由于扭矩可精准调节，所以盘车装置可根据需要实现 360° 任意角度停止，并反向微动脱开，保证任意角度精准测量。

2. 适用条件或应用范围

适合于主要应用于一些公司所辖电站有不同尺寸机组的盘车装置应用与研究。

3. 应用注意事项

（1）使用期间需注意装换装置运输与保管，防止装换装置磕碰，对中连接以免不能与主轴精准定位。

（2）使用时需注意液压联通平衡装置不可超行程使用，防止受力不均。

（3）使用时需注意水平仪装置位置，防止磕碰、踩踏，防止水平仪出现精度不准确，影响盘车装置水平度。

4. 联系单位及联系方式

国网新源集团科信部。

4.7　发电机空气间隙可视化测量工具

1. 技术原理与特点

当前测量发电机定子与转子间隙的方式是用梯形木条插入间隙进行测量，测量部位受部件形状影响具有一定局限性，并且测量结果误差较大，难以测量出精准数据，对于转子检修工作不能提供精准支撑作用。 本项目的实施就是为了解决上述问题，提供一种操作简便、有效准确的测量工具。

该工具主要部件包括把手、百分表、测量臂、测量杆、限位板、拉紧弹簧以及规脚，测量臂一的中部与测量臂二的中部铰接，百分表设置在测量臂二的后部，测量臂一的后部设置有压块，百分表的测量杆头顶压在压块上，见图 4.4。

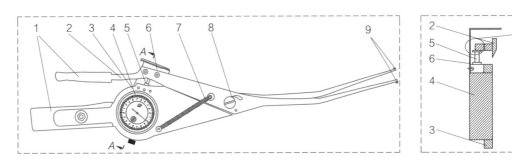

图 4.4 详细部件图

1—把手；2—测量臂一；3—测量臂二；4—百分表；5—表头；6—限位板；

7—拉紧弹簧；8—定位螺栓；9—规脚

测量时将规脚伸入测量间隙内，通过把手使两个规脚分别贴紧定子与转子，此时定子与转子间隙数值可直接通过百分表直接读取。测量完毕后，由于拉紧弹簧的作用，测量工具可自动复归零位。

主要性能指标：

本工具通过结构设计，实现利用百分表测量转子发电机空气间隙功能。理论上可将空气间隙测量精度提升至 0.01mm 级。

2. 适用条件或应用范围

该工具可应用于发电机空气间隙测量工作，适合在公司系统内进行应用推广。

3. 应用注意事项

该工具使用时注意各部件的紧固情况，防止使用过程中部件脱落导致物品遗留在风洞内。

4. 联系单位及联系方式

国网新源集团科信部。

4.8 基于多源遥感影像的抽水蓄能电站环水保监管技术

1. 技术原理与特点

基于各类遥感影像适用性分析，选取抽水蓄能电站最佳高分影像，经过辐射定标、大气校正、正射校正及高精度融合后，获取抽水蓄能电站融合效果最佳的影像，然后利用自动解译＋人机交互目视解译方法获取抽水蓄能电站渣场、交通设施区、施工生产生活区、堆存场及环水保措施高精度解译结果。然后将抽水蓄能电站遥感影像、环保水保

数据、工程数据及征地红线、临时用地范围等数据进行整理汇总、集成,建立联动比对系统,实时将两幅或多幅影像所获取显示的窗口坐标信息双向传递,进行信息对比及分析应用。 联动比对系统可及时发现超标区域并发出预警,便于解决抽水蓄能电站环保水保监控核查难管理、时效性差等问题,进一步提升现场环保水保监控核查水平,督促环保水保措施落实,保障项目顺利实施。

(1)利用多源遥感技术进行抽水蓄能电站工程全过程环保水保监管,打破传统人工监测局限性,减少人力投入,提高工作效率,起到减员增效的作用,减少经济成本。

(2)利用多源遥感技术进行抽水蓄能电站工程全过程环保水保监管,形成现场施工多频次动态监测,及时发现环保水保问题及时解决,减少施工对沿线地形地貌的影响,保护生态环境。

(3)联动比对系统能够统一对电站群施工情况进行管理,实现施工进度监控、扰动范围监控及超标预警管控,为抽水蓄能电站工程建设期环保水保监管提供了技术支撑,提升抽水蓄能电站工程建设环保水保监管水平,为建设生态抽水蓄能电站群工程提供技术支撑和决策支撑。

主要性能指标:

(1)抽水蓄能电站施工扰动面积识别精度达到96%。

(2)抽水蓄能电站施工道路长度识别精度达到95%,宽度达到90%。

2. 适用条件或应用范围

适用于抽水蓄能电站工程、输变电工程、公路、铁路及石油管道等不同生产建设项目进行推广应用。

3. 应用注意事项

(1)实施过程中应采集有效的高分辨率卫星影像,若因天气等原因无法获取有效影像时,及时采集其他高分辨率商业卫星影像进行补充。

(2)针对抽水蓄能电站重点关注区域需加大环水保监管频次,保障重点关注区域超标预警的管控。

4. 联系单位及联系方式

国网新源集团科信部。

4.9 抽水蓄能机组成套开关设备

1. 技术原理与特点

对应抽水蓄能机组的各种运行工况,为保障机组的正常工作和运行安全,同时与外部电网之间的电能交换传递,抽水蓄能机组电气主回路中使用了多种开关的组合(如图

4.5 所示），总称为抽水蓄能机组成套开关设备，具体包括：发电电动机出口断路器（承载、关合、开断机组正常运行及故障电流）、电气制动开关（机端三相短路开关，用于机组停电时的快速停机电气制动）、相序转换隔离开关（三相 5 极开关，用于机组隔离及发电、抽水工况的相序转换）、启动回路的系列隔离开关，根据其安装位置、使用功能和布置型式的不同，又可分为被拖动隔离开关（用于机组电动抽水工况，SFC 和背靠背启动回路的连接与隔离）、拖动隔离开关（机组背靠背拖动回路的连接与隔离）、启动母线分段隔离开关（用于启动母线的分段运行或隔离），启动回路隔离开关也可用作分支回路隔离开关。 由于抽水蓄能机组成套开关设备适用工况复杂，设备的技术要求高，目前仅有 ABB、AE Power 和 GE 等几家国际电工装备公司能够生产。

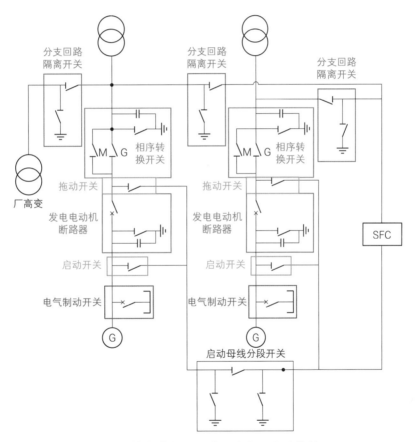

图 4.5　抽水蓄能机组典型电气设备主接线图

目前对抽水蓄能机组成套开关设备的在线监测技术还在起步阶段。 由于抽水蓄能机组成套开关设备与变电站高压开关设备应用场景、产品型式、布置结构、性能特点等不同，现有高压开关在线监测技术难以满足抽水蓄能机组成套开关设备状态监测的需求。随着物联网、人工智能、大数据、云计算技术在开关设备状态监测领域的应用，智慧抽水蓄能机组成套开关设备是电厂数字化发展的必然趋势。 西安西电开关电气有限公司生产的抽水蓄能机组成套开关设备可集成机械特性、断口状态视频、测温装置、气体状态

和电机电流等多个项目的在线监测及故障诊断。

为解决抽水蓄能机组用成套开关设备"卡脖子"问题，打破国外技术和市场垄断，西安西电开关电气有限公司于 2021 年成功研制了抽水蓄能机组成套开关设备。 该产品属于自主研发，拥有完全自主知识产权，实现重大装备国产化，对于保障我国抽水蓄能高质量发展建设具有重要的意义，满足了电站对机组开关设备的迫切需求，为大规模建设抽水蓄能电站提供了有力支撑，确保了抽水蓄能电站核心设备的供货安全；有效降低抽水蓄能电站建设和运维成本；提升了我国抽水蓄能高端装备制造业水平，增强了我国抽蓄产业的核心竞争力。

主要性能指标：

（1）通用参数。

1）工频耐受电压，65kV。

2）雷电冲击耐受电压，125kV。

（2）断路器参数。

1）额定电流，15000A。

2）开断电流，100kA。

3）频率，20～50Hz。

4）额定短时耐受电流，100kA，3s。

5）额定峰值耐受电流，300kA。

6）机械寿命，20000 次。

7）海拔高度，3000m。

（3）电气制动开关参数。

1）额定连续电流/时间，18000A/20min。

2）额定短时耐受电流，80kA，3s。

3）额定峰值耐受电流，240kA。

4）机械寿命，20000 次。

5）海拔高度，3000m。

（4）相序转换开关参数。

1）额定电流，17500A。

2）额定短时耐受电流，130kA，3s。

3）额定峰值耐受电流，390kA。

4）机械寿命，20000 次。

（5）启动回路隔离开关参数。

1）额定电流，4000A。

2）额定短时耐受电流，160kA，3s。

3）额定峰值耐受电流，480kA。

4）机械寿命，10000次。

2. 适用条件或应用范围

（1）适用于200～400MVA的大容量抽水蓄能机组，新建抽水蓄能电站。

（2）适用于200～400MVA的大容量抽水蓄能机组，在运抽水蓄能电站设备技术改造。

（3）抽水蓄能机组成套开关设备的在线监测设备及系统可以对所有开关设备进行全面的监测和诊断。

3. 应用注意事项

（1）使用期间需确保智能监测设备的光纤受到保护，避免出现光纤损坏，影响数据的准确性。

（2）按照西安西电开关电气有限公司提供的使用维护说明书，对设备进行定期维护、检修。

4. 联系单位及联系方式

西安西电开关电气有限公司。